I0043434

Sara Boudada
Randa Deghar

Situation du diabète de type 2 chez les adultes dans l'ouest
Algérien

Mustapha Diaf
Sara Boudada
Randa Deghar

Situation du diabète de type 2 chez les adultes dans l'ouest Algérien

Éditions universitaires européennes

Impressum / Mentions légales
Bibliografische Information der Deutschen Nationalbibliothek: Die Deutsche Nationalbibliothek verzeichnet diese Publikation in der Deutschen Nationalbibliografie; detaillierte bibliografische Daten sind im Internet über http://dnb.d-nb.de abrufbar.
Alle in diesem Buch genannten Marken und Produktnamen unterliegen warenzeichen-, marken- oder patentrechtlichem Schutz bzw. sind Warenzeichen oder eingetragene Warenzeichen der jeweiligen Inhaber. Die Wiedergabe von Marken, Produktnamen, Gebrauchsnamen, Handelsnamen, Warenbezeichnungen u.s.w. in diesem Werk berechtigt auch ohne besondere Kennzeichnung nicht zu der Annahme, dass solche Namen im Sinne der Warenzeichen- und Markenschutzgesetzgebung als frei zu betrachten wären und daher von jedermann benutzt werden dürften.

Information bibliographique publiée par la Deutsche Nationalbibliothek: La Deutsche Nationalbibliothek inscrit cette publication à la Deutsche Nationalbibliografie; des données bibliographiques détaillées sont disponibles sur internet à l'adresse http://dnb.d-nb.de.
Toutes marques et noms de produits mentionnés dans ce livre demeurent sous la protection des marques, des marques déposées et des brevets, et sont des marques ou des marques déposées de leurs détenteurs respectifs. L'utilisation des marques, noms de produits, noms communs, noms commerciaux, descriptions de produits, etc, même sans qu'ils soient mentionnés de façon particulière dans ce livre ne signifie en aucune façon que ces noms peuvent être utilisés sans restriction à l'égard de la législation pour la protection des marques et des marques déposées et pourraient donc être utilisés par quiconque.

Coverbild / Photo de couverture: www.ingimage.com

Verlag / Editeur:
Éditions universitaires européennes
ist ein Imprint der / est une marque déposée de
OmniScriptum GmbH & Co. KG
Heinrich-Böcking-Str. 6-8, 66121 Saarbrücken, Deutschland / Allemagne
Email: info@editions-ue.com

Herstellung: siehe letzte Seite /
Impression: voir la dernière page
ISBN: 978-3-8416-6079-4

Résumé

Le diabète est un groupe de maladies avec un nombre de points communs, l'augmentation du glucose dans le sang est par définition le point le plus évident. Notre objectif est d'étudier l'ensemble des profils socioprofessionnels, nutritionnels et biochimiques, chez un échantillon représentatif de patients diabétiques au niveau de la ville de Sidi-Bel-Abbès. 183 patients diabétiques de type 2 ont participés à la présente étude sur une période de trois mois (de Février à Avril 2014) dont la moyenne d'âge est de 63.51±9.49 ans. Nos résultats indiquent une dominance du sexe féminin, avec plus de 77% des participants, contre 23% de sexe masculin. Presque 42% des femmes sont en surpoids et 35.46% sont obèses. Par contre chez le sexe masculin, 31% sont en surpoids. Sur le plan nutritionnel, l'apport énergétique total chez l'ensemble des patients est de l'ordre de 1606.735±96.01 Kcal. L'analyse des carnets alimentaires indique que le déjeuner reste le repas le plus important de la journée chez nos patients. Les corrélations entre la corpulence et les profils biochimiques montrent une corrélation négative mais non significative (p=0.190) entre la glycémie à jeun et l'indice de masse corporelle (IMC) chez l'ensemble des patients, par contre, et pour les lipides, une corrélation positive non significative (p=0.392) entre le taux de cholestérol total et l'IMC chez nos sujets diabétiques a été notée. La prise en charge d'un sujet diabétique est un atout pluridisciplinaire qui repose sur l'ensemble des profils anthropométriques, socioprofessionnels, nutritionnels et biochimiques car elle permet de mieux prévenir, mieux dépister et mieux traiter le diabète et ses complications.

Mots clés : Diabète type 2, Sidi-Bel-Abbès, profil nutritionnel, profil biochimique, apport énergétique.

Sommaire

Liste des figures

Liste des tableaux

Liste des abréviations

ADN : Acide Désoxyribonucléique

AGL : Acides Gras Libre

AVC : Accident Vasculaire Cérébral

CNAMTS : Caisse Nationale de L'Accrédition et l'Evaluation en Santé

CT : Cholestérol Total

DG : Diabète Gestationnel

DID : Diabète Insulinodépendant

DNID : Diabète Non Insulinodépendant

DT2 : Diabète de Type2

ECG : Electrocardiogramme

FO : Fond d'œil

GAJ : Glycémie à Jeun

GPP : Glycémie postprandiale

HbA1c : Hémoglobine Glyquée

HDL-c : High Density Lipoprotein cholesterol

HGPO: Hyperglycémie après une charge orale de glucose

HTA : Hypertension artérielle

IDF : International Diabetes Federation

IFG : Impaired Fasting Glycemia

IGT : Impaired Glucose Tolerance

Ig : Intolérance au glucose

IMC : Indice de Masse Corporelle

INSP : Institut national de santé publique

IPS : Index de Pression Systolique

LDL-c : Low Density Lipoprotein cholesterol

mmHg: Millimètre mercure

MODY: Maturity Onset Diabetes in the Young

NCEP : National Cholestérol Education Program

OMS : Organisation Mondiale de la Santé

TG: Triglycérides

TSH : Thyréostimuline

Introduction

Le diabète est devenu un grand problème de santé public à l'echelle mondiale, du fait de l'imprégnation de plus en plus forte de nombreux facteurs de risque tel que le nouveau mode alimentaire, l'obésité, la sédentarité, le stress, ..etc (Halimi, 2003).

La forme la plus fréquente de cette maladie est le diabète de type 2 appelé aussi le diabète non insulinodépendant, il ne s'agit pas d'une maladie unique, mais d'affections différentes, réunies par un dénominateur commun: l'élévattion de la glycémie ou l'hyperglycémie chronique.

Cette maladie silencieuse possède des conséquences communes : le glucose en excès dans le sang et au niveau des parois vasculaires, des conséquences sur les nerfs et potentiellement tous les tissus de l'organisme humain (Guillausseau, 2003).

Ce type de diabète est susceptible de provoquer des complications à moyen et à long terme. Ces complications sont de deux types : les microangiopathies touchant particulièrement les reins, les yeux et les nerfs, et les macroangiopathies affectant surtout le systéme cardio-vasculaires. Ces complications ne s'obesrvent de façon précoce que chez les diabétiques déséquilibrés et ne pouvant ou ne voulant pas subir les contraintes de l'autocontrôle et d'un bilan périodique (Massin *et al.,* 2001).

Notre objectif, à travers cette étude, est d'étudier l'ensemble des profils socioprofessionnels, nutritionnels et biochimiques chez un échantillon représentatif de patients diabétiques de type 2 suivis au niveau de la maison du diabétique de Sidi-Bel-Abbès. Ainsi d'étudier leurs rations alimentaires par le biais d'une enquête basée sur les carnets alimentaires de trois jours.

1

Chapitre1 : Le diabète sucré

1.1 Définition du diabète sucré

Non traité, le diabète sucré se caractérise par une élévation permanente de la teneur du sang en glucose (hyperglycémie). Parfois accompagnée par des symptômes tels qu'une soif intense, des mictions fréquentes, une perte de poids, et une torpeur qui peu aller jusqu'au coma et à la mort en l'absence de traitement.

Le plus souvent, les symptômes révélateurs sont beaucoup moins nets, il n'y a pas d'altération de la conscience ; parfois il n'en existe aucun. La teneur élevée du glucose dans le sang et les autres anomalies biochimiques résultent d'une insuffisance de production ou d'action d'insuline, hormone qui contrôle le métabolisme du glucose, des graisses et des acides aminés. Divers processus étiologiques peuvent être en cause. La gravité des symptômes est surtout déterminée par le degré d'insuffisance d'action de l'insuline. De façon générale, le diabétique court le risque, à long terme, d'être atteint de lésions progressives de la rétine et des reins, des nerfs périphériques, et d'une athérosclérose grave du cœur, des membres inférieurs et du cerveau (OMS, 1988).

Il y a diabète sucré lorsqu' une glycémie plasmatique à jeun dépasse 1,26 g /l (7,0 m mol/l) ou lorsqu'en présence de symptômes cliniques, prélevée à un moment quelconque de la journée, elle dépasse 2 g/ l (200mg /dl (11 ,1 m mol /l) (tableau 1). Le diagnostic peut également être posé sur la base d'une valeur égale ou au-delà de 200 mg /dl à la 120e minute d'une épreuve d'hyperglycémie provoquée par voie orale (HGPO). L a découverte d'une valeur pathologique, en soi suggestive de diabète, doit être confirmée, dans les jours suivants, par un de ces trois tests (sauf le diagnostic de diabète repose sur une glycémie "non équivoquée"), supérieure à 200 mg / dl, associée à d'autres signes de décompensation métabolique et clinique) (Martin, 2006).

Tableau 1 : Définition de diabète sucré (ADA, 2006)

Stade	à jeune	Au hasard	à 120 d'une épreuve d'hyperglycémie
	Glycémie (plasma veineux ; mg /dl)		
Normal	‹ 100		‹ 140
Pré-diabète			
-glycémie à jeun anormale ("impaired fasting glycaemia", IFG)	≥ 100 < 126		
-Intolérance glucidique (« impaired glucose tolerance », IGT)			≥ 140 < 200
Diabète sucré	≥ 126	≥ 200	≥ 200

Une valeur pathologique doit être confirmée (dans les jours suivants) par une autre anomalie d'un des trois tests (sauf en présence d'une décompensation glycémique et métabolique aiguë avec signes cliniques univoques)

1.2 Diagnostic du diabète sucré

Les critères diagnostiques du diabète sont résumés dans le tableau 2 (ADA, 2012). Ces critères sont fondés sur des épreuves faites à partir de sang veineux et sur les méthodes utilisées en laboratoire.

Une glycémie à jeun de 7,0 m mol/L correspond environ à une glycémie 2 heures après l'ingestion de 75 g de glucose de 11,1 m mol/L ou plus, et les deux mesures sont les meilleurs prédicateurs d'une rétinopathie (McCance *et al.*,1994 ; Selvin *et al.*,2010).

Une relation semblable à celle de la glycémie à jeun ou de la glycémie après 2 heures existe entre le taux d'hémoglobine glyquée (HbA1c) et la rétinopathie, à une valeur seuil d'environ 6,5 % (McCance *et al.*,1994 ; ECDCDM, 1997).

Bien que le diagnostic de diabète soit fondé sur le seuil d'HbA1c pour la survenue d'une maladie micro vasculaire, le taux d'HbA1c est également un facteur de risque

3

cardiovasculaire continu et il est un meilleur prédicateur des complications macro vasculaires que la Glycémie à jeun ou la glycémie après 2 heures (Sarwar *et al.*, 2010 ; Selvin *et al.*,2010).

Quoique de nombreuses personnes chez qui un diabète a été diagnostiqué à partir du taux d'HbA1c n'auront pas de diabète selon les critères diagnostiques traditionnels fondés sur la glycémie, et vice versa, il n'en demeure pas moins que l'utilisation du taux d'HbA1c dans le diagnostic du diabète présente plusieurs avantages.

Le taux d'HbA1c peut être mesuré à tout moment de la journée, ce qui le rend plus commode que la glycémie à jeun ou la glycémie mesurée 2 heures après l'ingestion de 75 g de glucose. Comme le taux d'HbA1c indique la glycémie moyenne au cours des deux ou trois derniers mois, il permet également d'éviter le problème de la variabilité quotidienne de la glycémie (ADA, 2012). Le taux d'HbA1c, lorsqu'il est utilisé comme critère de diagnostique, doit être mesuré au moyen d'un test validé et normalisé selon la référence du NGSP-DCCT (National Glyco-hemoglobin Standardisation Programe Diabètes Control and Complications Trial). Il est important de noter que le taux d'HbA1c peut être trompeur chez les d'HbA1c plus faibles que chez les américains de race blanche. Ceci suggère que le seuil pour le diagnostic de diabète devrait être diminué chez les personnes de race noire (Tsugawa *et al.*, 2012). Des recherches sont nécessaires afin de déterminer si les seuils d'HbA1c des Afro-Canadiens et des autochtones canadiens sont différents. Les valeurs d'HbA1c changent également avec l'âge et connaissent une hausse pouvant atteindre 0,1 % par tranche de dix ans (Davidson & Schriger, 2010).

D'autres études pourraient aider à déterminer s'il faut tenir compte de l'âge ou du groupe ethnique dans la définition des seuils d'HbA1cpour le diagnostic de diabète. De plus, il n'est pas recommandé d'utiliser le taux d'HbA1c pour établir un diagnostic de diabète chez les enfants, les adolescents et les femmes enceintes, ni lorsque le diabète de type 1 est soupçonné.

Tableau 2 : Diagnostic de diabète de type 2 (ADA, 2012).

Glycémie à jeun ≥7,0 mmol/L à jeun = aucun apport calorique depuis au moins 8 h **Ou** Taux d'HbA1c ≥ 6,5 % (chez les adultes) Mesuré à l'aide d'un test normalisé et validé, en l'absence de facteurs compromettant la fiabilité du taux d'HbA1c et non en cas de diabète de type 1 soupçonné **Ou** Glycémie 2 heures après l'ingestion de 75 g de glucose ≥ 11,1 mmol/L **Ou** Glycémie aléatoire ≥11,1 mmol/L Aléatoire = à tout moment de la journée, sans égard au moment du dernier repas

1.3 Classification du diabète

1.3.1 Diabète de type 1

Le diabète insulinodépendant (DID), ou diabète de type 1, ou diabète maigre, est une maladie auto-immune détruisant les cellules ß du pancréas et caractérisé par la disparition total ou presque total de la sécrétion d'insuline par le pancréas endocrine (tableau 3). Cette carence insulinique est corrigée par des injections d'insuline ce qui permet une vie pratiquement normale (Berendt *et al.,* 2008)

Tableau 3 : Caractéristiques du diabète de type 1 (Grimaldi *et al.*, 2009)

	Diabète de type 1
Antécédents familiaux	Rare
Age de survenue	Avant 35 ans
Début	Rapide ou explosif
Facteur déclenchant	Souvent
Poids	Normal ou maigre
Hyperglycémie	Majeur > 3 g /l
Cétose	Souvent présente
Complications	Absentes
Cause principale de mortalité	Insuffisance rénale

1.3.2 Diabète de type 2

Le diabète de type 2 est une maladie multifactorielle, avec des interactions gène-environnement. Couvre un large spectre qui s'étend de la résistance à l'action de l'insuline prédominante avec déficit insuline-sécrétoire relatif au déficit insuline-sécrétoire prédomineras avec résistance à l'action de l'insuline (Young, 2011).

Anciennement appelé diabète nom insulinodépendant (DNID), représente environ 90% des cas (ANAES, 2003). Encore appelé diabète gras ou de maturité, le diabète de type 2 apparait généralement après l'âge de 50 ans (tableau 4). Il est toutefois en progression chez les sujets entre 30 et 50 ans et même en train d'apparaitre comme une complication fréquente de l'obésité de l'enfant (Malimis, 2003).

La maladie évolue de façon insidieuse et reste longtemps asymptomatique c'est-à-dire sans signes cliniques. De ce fait, de nombreuses diabétiques ignorent leur état. Cette maladie se caractérise par une hyperglycémie, un excès chronique de sucre dans le sang (Corpus médical, 2006).

Tableau 4 : Caractéristique du diabète de type 2 (Diabète atlas résumé, 2003).

	Diabète de type 2
Antécédents familiaux	Fréquents
Age de survenue	Plutôt après 35 ans
Début	Lents et insidieux
Facteur déclenchant	Souvent
Poids	Obésité ou surcharge adipeuse abdominale
Hyperglycémie	Souvent ‹2 g /l
Cétose	Le plus souvent absent
Insuline endogène	Conservée
Anticorps anti-ilots	Absent
Contrôle du diabète	Facile
Diététiques	Essentiel, parfois suffisant
Insulinothérapie	15 à 25% des cas
Hypoglycémiants oraux	Efficaces
Complication chronique	Souvent déjà présent lors du diagnostique

1.3.3 Diabète gestationnel

Le diabète gestationnel (DG) est défini comme une intolérance au glucose de gravité variable qui apparaît ou est reconnue pour la première fois durant la grossesse. C'est une affection fréquente touchant de 2 à 3 % de toutes les femmes enceintes. Jusqu'à présent, le débat de longue date sur le rôle du dépistage du DG était axé sur les résultats fœtaux et obstétricaux. Cependant, il est important de reconnaître que le diagnostic de DG identifie également une population de femmes qui présentent un risque futur élevé de diabète de type2:

• Risques de troubles métaboliques futurs.

• Changements physiopathologiques chez les femmes ayant des antécédents de DG.

• Facteurs prédictifs cliniques d'évolution vers le diabète de type 2 (Crups médicale, 2006).

1.3.4 Diabètes secondaires

Les autres formes de diabète sont beaucoup plus rares (tableau 5), représentant chacune quelques pourcent des cas :

•Diabète de type MODY (Maturity Onset Diabètes in the Young), ont la particularité d'être génétiquement déterminés, selon un mode de transmission autosomique dominant: dans les familles porteuses, atteinte d'un individu sur 2, à toutes les générations. Le début en est habituellement précoce (néonatal parfois, avant 25 ans en général), et le plus souvent ils réalisent des diabètes non insulinodépendants (Young, 2007).

•Diabètes secondaires à des maladies du pancréas (pancréatite chronique, cancer du pancréas, mucoviscidose, hémochromatose, chirurgie du pancréas).

•Diabètes secondaires à des maladies endocrines, dont le syndrome de Cushing, l'acromégalie, le phéochromocytome, l'hyperthyroïdie, l'adénome de Conn.

• Diabètes secondaires à des maladies du foie, cirrhose, quelle qu'en soit la cause, mais plus particulièrement dans le contexte de l'infection par le virus C de l'hépatite (hépatite virale C), ou l'hémochromatose.

• Diabètes secondaires à des mutations de l'ADN mitochondrial (associé à une surdité de perception et caractérisé par une hérédité maternelle) : syndrome de Bellenger- Wallace.

• Diabète lipoatrophique : Lipodystrophie congénitale de Berardinelli- Seip, caractérisé par la disparition du tissu adipeux, avec insulino-résistance majeure, hyperlipidémie et stéatose hépatique (Young, 2011).

• Diabètes associés à des médicaments, en particulier les corticoïdes, les diurétiques, les antipsychotiques (comme Risperdal, Zyprexa), les immunosuppresseurs de la famille des inhibiteurs de la calcineurine (Berendt et al., 2008).

Le traitement d'un diabète secondaire doit viser à supprimer la cause chaque fois que possible.

Tableau 5: Causes des diabètes secondaires (Corpus médical, 2006)

Maladies du pancréas endocrine	Endocrinopathies	Pharmaco- ou chimio-induits
Pancréatite	Acromégalie	Vacor Pentamidine
Traumatisme/pancréatectomie	Syndrome de	Acide nicotinique
Cancer	Cushing	Glucocorticoïdes
Mucoviscidose	Glucagonome	Hormones
Hémochromatose	Phéochromocytome	thyroïdiennes
Pancréatite	Hyperthyroïdie	Diazoxide : b-stimulants
fibrocalculeuse	Somatostatinome	Thiazidiques
Autres	Autres	Dilantin Interféron a
		Autres

Chapitre 2 : Diabète de type 2

2.1 Définition du diabète de type 2

Le diabète de type 2 se présente généralement chez les individus âgés de 40 ans et plus. Malheureusement, depuis quelques années on constate que ce type de diabète apparaît chez des personnes de plus en plus jeunes. Chez certaines populations à risque, il peut apparaître dès l'enfance (Valensi *et al.*, 2005).

Chez certaines personnes, la production d'insuline est insuffisante. Chez d'autres, l'insuline sécrétée n'accomplit pas son travail adéquatement, entraînant l'augmentation du taux de sucre dans le sang.

Cette maladie multifactorielle couvre un large spectre qui s'étend de la résistance à l'action de l'insuline prédominante avec déficit insulinosécrétoire relatif au déficit insulinosécrétoire prédominant avec résistance à l'action de l'insuline (Valensi *et al.*, 2005).

2.2 Prévalence & Epidémiologie

L'explosion du nombre de personnes atteintes de diabète dans le monde amène aujourd'hui à considérer cette affection comme un problème majeur de santé publique. Si le nombre de personnes présentant un diabète de type 1est en augmentation modérée, c'est surtout le diabète type 2 dont la prévalence augmente considérablement, favorisé par le vieillissement des populations, les changements du mode de vie et l'apparition de l'obésité. Ce type connaît une croissance exponentielle dans tous les pays (Halimi, 2008).

L'augmentation attendue de 40% du nombre de diabétiques, et donc essentiellement de diabète de type 2, entre 2007 et 2025, se traduira par plus de 130 millions de nouveaux cas de ce type de diabète dans le monde durant cette période. Si la prévalence du diabète de type 2 est actuellement plus élevée dans les pays industrialisés, l'accroissement du nombre de diabétiques proviendra essentiellement des pays en développement où, en 2025 devraient se trouver environ 80% vraisemblablement en moyenne plus jeunes que ceux vivant dans les pays industrialisés.

L'estimation du nombre de diabétiques dans le monde en 2030 est a 194 millions avec une perspective d'atteindre 333 millions de cas en 2025, selon les données de la fédération internationale de diabète (IDF) (Halimi, 2008).

La prévalence du diabète de type 2 est variable et hétérogène selon que l'on se trouve en Afrique : 21%, en Amérique du nord : 14.13%, en Europe 2.9% et en Asie 1 ,83% (figure 1) (Bush-Brafin & Pinget, 2001).

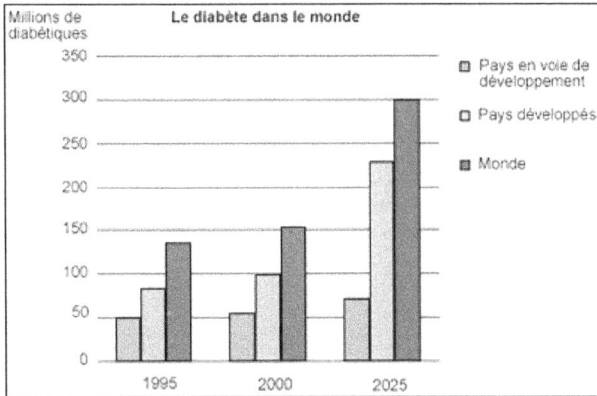

Figure 1: Nombre des diabétiques dans le monde selon les estimations de l'OMS (OMS, 2008).

2.2.1 Europe (exemple de la France)

En compte en France 2.000.000 diabétiques 15% sont diabétiques de type 1; 85% de type 2 l'étude 1998-2000 menée à l'échelon national par la CNAMTS (caisse nationale de l'assurance maladies des travailleurs) a permis d'actualiser les données concurrent la prévalence du diabète traité en France.

La prévalence du diabète de type 2 traité peut alors être estimée à 2.7% et 3.03% l'enquête de la CNAMTS ne prenait en compte que les diabètes traites pharmalogiquement à partir d'une estimation à 10% des parents traités par mesures hygiéno-diététiques seules parmi les patients diagnostiqués (données d'une étude transversale descriptive réalisé en 1999) (Guillaume, 2004).

2.2.2 Pays du Maghreb
a/ Maroc

La multiplication des cas de diabète au Maroc est à l'image des tendances actuelles à l'échelle mondiale et comme pour tous les pays africains, l'absence de données précises dans le domaine de la santé au Maroc rend difficile l'évaluation de l'état des soins du diabète (figure 2). Une étude réalisée en 2000 mentionnait un taux de prévalence du diabète à l'échelle nationale de 6,6%, les estimations actuelles situent ce chiffre autour de 10 % (Loukach & Kerbab, 2006).

b/ Tunisie

La Tunisie, comme la plupart des pays du monde, est confrontée a une augmentation alarmante du nombre de personnes atteintes de diabète : la prévalence du diabète de type 2 chez les adultes de plus de 30 ans à dépassée les 10% en 1995 (Hugh *et al.*, 2003).

c/ Libye

Les données étaient basées sur l'analyse des dossiers pour la période allant de 1981 à 1990 à Benghazi sur la population des diabétiques de type 2, on a compté au total 8922 cas (4081 hommes et 4841 femmes) dont la prévalence serait de 0.19% (0.2 chez les femmes et 0.17 chez les hommes).

Cette dernière augmentait chez chaque groupe d'âges supérieurs et atteignait le maximum chez celui de 50 à 54 ans. Les complications du diabète les plus courantes étaient la neuropathie (25.2%) (Kadiri & Roaedrb, 1999).

d/ Algérie

L'Algérie est en pleine transition épidémiologique, et le diabète pose un vrai problème se santé publique par le biais des complications chroniques dominées par les complications cardiovasculaires, le pied diabétique, l'insuffisance rénale chronique et la rétinopathie. Selon une enquête faite par l'institut national de santé publique (INSP), le diabète occupe la quatrième place dans les maladies chroniques non transmissibles. Selon les enquêtes réalisées à l'Est et à l'Ouest du pays, la prévalence du diabète de type 2 varie entre 6.4% et 8,2% chez les sujet âgés de 30 à 64 ans. Chez les Touaregs du sud algérien et dans la même tranche d'âge, elle n'est que de 1,3%. L'étude STEPS-OMS, réalisée en 2008 dans deux wilayas pilotes (Sétif et Mostaganem) chez des sujets de 25 à 64 ans, a montré une prévalence de 7,1% ; elle est de 6,11/100 000 chez les sujets de 15 à 29 ans (Sétif) (Belhadj, 2005).

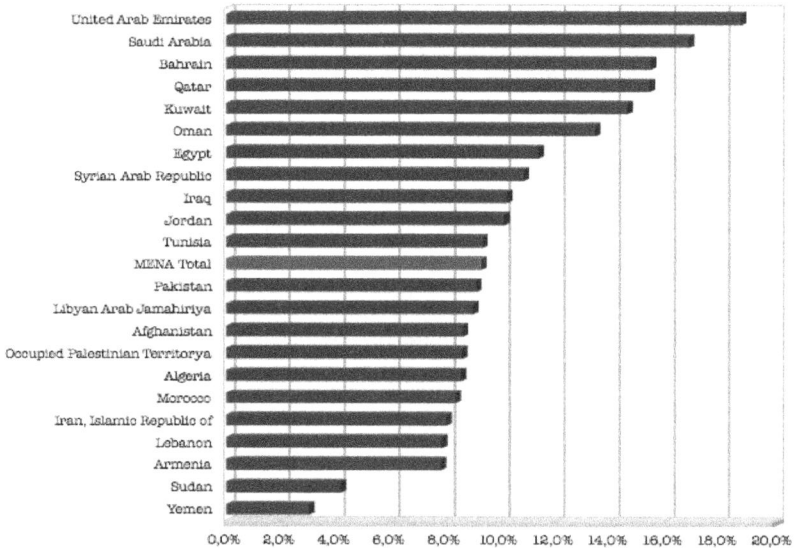

Figure 2 : Prévalence du diabète de type 2 dans le monde arabe (DAW, 2008).

2.3 Etiologie du diabète de type 2

Le diabète de type 2 est une maladie multifactorielle, c'est-à-dire une maladie révélant à la fois de l'inné (facteurs génétique) et de l'acquis (facteur en rapport avec l'environnement et l'alimentation). Dans la forme commune de diabète de type 2, il s'agit d'une transmission polyg énique associée a un environnement favorisant (Bush-Brafin & Pinget ,2001) :

• Cas d'obésité ou de surpoids, pour indice de masse corporelle (IMC)>27 kg/m² chez l'homme et >26 kg/m² chez la femme.

• Cas de diabéte chez un membre de la famille du premier degré.

• Antécédent de diabète gestationnel ou d'accouchement d'un enfant dont le poids à la naissance était supérieur à 4,5 kg.

•Cas de d'hypertension artérielle (≥140/190 mmHg).

•Cas de dyslipidémie avec un taux de HDL-cholestérol ≤35 mg /dl ou un rapport cholestérol total /HDL-cholestérol > 4 et /ou des triglycérides ≥ 150mg/dl

• Découverte antérieure d'une glycémie a jeun perturbée « ipaired fasting glycemia » (IFG) ou d'une intolérance glucidique (Ig) (Halimi *et al.,* 2005)

2.3.1 Facteurs génétiques

Les facteurs génétiques ou héréditaires ont un rôle important dans la survenue d'un diabète. Un des meilleurs arguments en faveur de ce rôle est apporté par étude de jumeaux identique en termes génétiques, si l''un de ces jumeaux a un diabète de type 2, le risque pour l'autre jumeau de développer la même maladie est de 95%. Le risque est moindre pour des frères ou sœurs non-jumeaux, mais reste beaucoup plus élevé que pour la population générale : il est de 25% si l'un des membres le la fratrie est atteint (Guillausseau, 2003).

2.3.2 Rôle de l'environnement

Les principaux facteurs d'environnement sont le déséquilibre nutritionnel avec la consommation d'aliments à haute teneur énergétique (régimes hypercaloriques à base d'aliments raffinés, la consommation excessive de sucres simples, de lipides et /ou carence en fibres) ainsi l'activité physique insuffisante (Buysschaert & Gerard, 2006).

a/ l'âge

L'âge accroît le risque de diabète de type 2. Les données canadiennes de 1996/97 montrent que le taux de fréquence du diabète chez les personnes âgées de plus de 65 ans (10.4%) est trois fois aussi élevé que le taux des personnes âgées de 35 à 64 ans (3.2%) (PHAC, 2003).

b/ L'obésité

On parle d'obésité lorsque la part de graisse dans le poids corporel excès de 30% chez la femme et 20% chez l'homme. On peut évaluer de façon indirecte cette masse graisseuse par l'IMC (tableau 6).

$$IMC = Poids\ (kg)/\ taille^2\ (m)$$

Tableau 6 : Classification du poids chez les adultes selon l'IMC (ACD, 2003).

Classification	IMC (kg/m²)	Risque de pour la santé
Poids insuffisant	< 18.5	Accru
Poids normal	18.5 à 24.9	Moindre
Excès de poids	20.0 à 29.9	Accru
Obésité	≥ 30.0	
- Classe I	30.0 à 34.9	Elevé
- Classe II	35.0 à 39.9	Très élevé
- Classe III	≥ 40.0	Extrêmement élevé

Les personnes ayant un IMC supérieur à 30 (donc qualifiées d'obèses) ont environ 10 fois plus de risque de devenir diabétique (Herold, 2008).

De plus, il existe un autre facteur à prendre en compte qui est le rapport tour de Taille/tour de Hanche.

Lorsque la graisse est majoritairement localisée au niveau du tronc, on parle d'obésité androïde, et c'est là encore un facteur de risque supplémentaire au développement d'un diabète.

Obésité androïde

Ce type d'obésité est caractérisé par une prédominance de la partie supérieure : - tronc dont viscères, - le rapport tour de taille/tour de hanche : homme >1, femme >0,85, - tour de taille: homme ≥ 94 cm, femme ≥ 80 cm, - le risque cardiovasculaire et métabolique et surtout lié à l'obésité de type androïde (Smogyi A *et al.*, 2011).

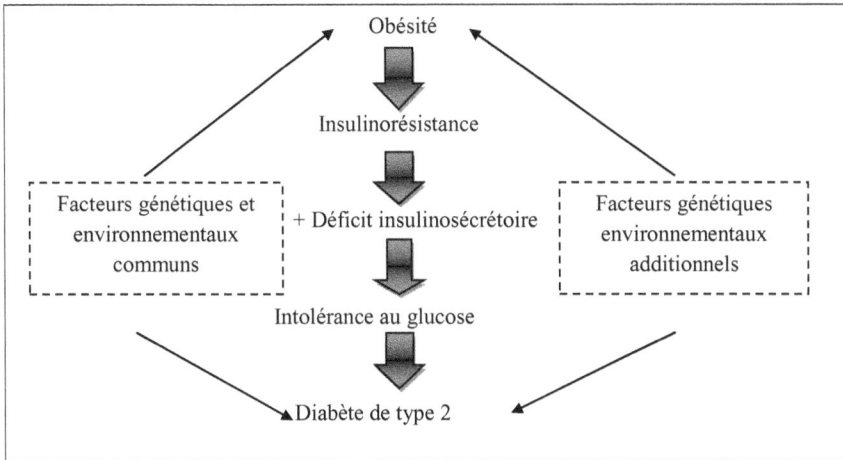

Figure 3 : Relation entre obésité et diabète de type 2 (Rabasat-Lhoret & Laville, 2003).

c/ L'activités physiques

La sédentarité est un facteur important dans le développement du diabète par réduction de la consommation et du stockage de glucose par le muscle inactivé accentuant l'insulinorésistance de tissu musculaire (Halimi, 2003). La sédentarité double le risque de diabète de type 2 par 2.

d/ Le Stress sévère et prolongé

Le stress est depuis longtemps considéré comme un facteur important dans le diabète de type 2. Cependant, ce n'est que tout récemment que la recherche a démontré que le stress pouvait jouer un rôle dans le déclenchement du diabète de type 2 chez les individus prédisposés au diabète et dans le contrôle de la glycémie chez les personnes atteintes de diabète. Des techniques simples de gestion du stress peuvent avoir un impact significatif sur le contrôle de la glycémie long terme et peuvent constituer un out outil de gestion de ce type de diabète (Surwit, 2002).

e/ Les médicaments

La prise de médicaments potentiellement diabétogènes corticoïdes, bien sur, sous toutes leur formes, notamment infiltrations articulaires, mais aussi pommades dont l'usage n'est pas toujours signalé spontanément par le patient; pilule oestroprogestative, diurétiques thiazidiques à fortes doses ≥ 1 comprimés par jour (Grimaldi, 2000).

f/ Le tabagisme

Les consommateurs de tabac sont exposés à un risque accru de maladies cardiovasculaires. Le tabagisme contribue au développement de tous principaux types de maladies cardiovasculaires, notamment l'infarctus, l'accident vasculaire cérébral et le blocage des vaisseaux sanguins au niveau des membres inférieurs. Les personnes atteintes de diabète, notamment de type 2, sont également exposées à un risque élevé de maladies cardiovasculaires (Gary & Cockram, 2005).

2.3.3 Rôle de l'alimentation

Les modifications de conditions de vie telles qu'une alimentation disponible, riche en graisses animales, moins riche en glucides complexes, chez des peuples devenus sédentaires, semblent être un facteur d'augmentation des diabètes et de l'obésité dans le monde. Donc l'alimentation joue un rôle majeur dans l'apparition du diabète de type 2. La fréquence de cette forme de diabète dans le monde est probablement liée d'une partie au rôle prédisposant de l'alimentation des pays occidentaux, riche en viandes rouges ou raffinées , frites, en produits laitiers et produits sucrés (desserts, bonbons, etc.). A l'inverse, l'alimentation riche en fruits et légumes, poisson, volailles, et céréales diminue ce risque (Benhamou, 2005).

2.4 Physiopathologie du diabete de type 2

Le diabète de type 2 résulte à la fois d'un déficit de l'insulino-sécrétion et d'une insulinorésistance. Il est associé à une obésité dans 80% des cas. Il est le plus souvent polygénique résultant de l'association d'une prédisposition génétique et de facteur environnementaux, en particulier le surpoids, la sédentarité, plus accessoirement la nature des glucides et des lipides alimentaires (Girard, 1999).

Les mécanismes physiopathologiques du diabète de type 2 sont complexes (figure 4). L'hyperglycémie est la conséquence de l'association de deux anomalies interdépendantes : insulinorésistance et perturbation de l'insulinosécrétion (Guillausseau, 2003).

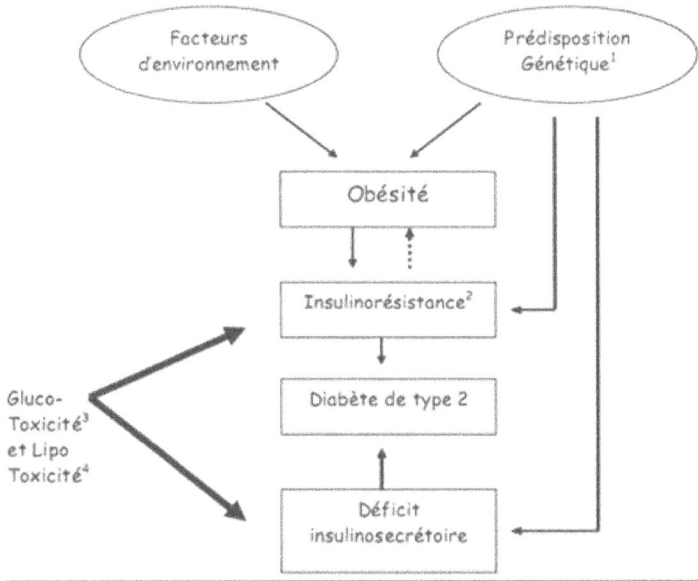

Figure 4 : Physiopathologie de la forme commune du diabète de type 2 (80% des cas) (Young, 2007).

2.4.1 Insulinorésistance

Dans le cadre de diabète de type 2, l'insulinorésistance constitue sans doute le facteur physiopathologique principal. Elle concerne les muscles et le foie et à un moindre degré le tissu adipeux. Elle est à la fois génétiquement déterminée et favorisée par l'obésité. Son mécanisme intime et multifactoriel, il s'agit d'une baisse d'efficacité de l'insuline comme facteur d'utilisation du glucose par les tissus insulinosensibles (foie, tissu adipeux, muscle) avec un hyperinsulinisme compensatoire (figure 5).

- Dans le foie : une baisse de la captation du glucose et une augmentation de sa production (surtout à jeun) ;
- Dans le tissu adipeux : une baisse de la captation du glucose et une augmentation de la lipolyse ;
- Dans les muscles striés : une baisse de la captation du glucose et de la glycogénèse (Guilausseau, 2003 ; Fischer & Ghanassiaa, 2006).

17

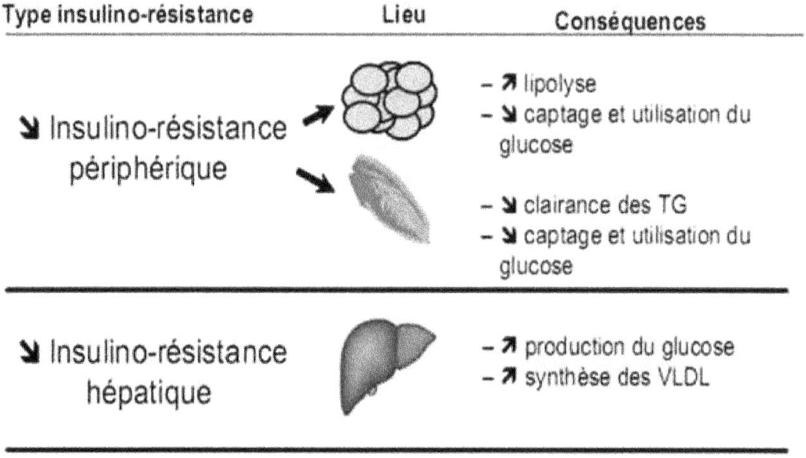

Type insulino-résistance	Lieu	Conséquences

↘ Insulino-résistance périphérique

– ↗ lipolyse
– ↘ captage et utilisation du glucose

– ↘ clairance des TG
– ↘ captage et utilisation du glucose

↘ Insulino-résistance hépatique

– ↗ production du glucose
– ↗ synthèse des VLDL

Figure 5 : Insulinorésistance hépatique et périphérique (musculaire et adipocytaire) (Young, 2007).

Les mécanismes évoquées sont multiples (anomalie de signal : nombre de récepteurs, mutations, transduction, compétitions entre glucides et lipides), rappelons également que l'insuline est également impliquée dans le métabolisme lipidique comme puissance inhibiteur de la lipolyse, car elle stimule la lipogenèse. De fait, l'insulinorésistance aura pour conséquence une libération d'acides gras libres (AGL) par le tissu adipeux. Il existe des sujets insulinorésistants qui ne deviennent pas diabétique. En effet la sécrétion d'insuline à un taux physiologique n'étant plus suffisant pour assurer l'équilibre glycémique, l'organisme répond par un hyperinsulinisme compensatoire qui, s'il est suffisant, permet de rétablir une régulation glycémique correcte. Il faut donc obligatoirement que le pancréas ne puisse répondre à cette demande pour qu'un diabète apparaisse (Guilausseau, 2003 ; Fischer & Ghanassiaa, 2006).

2.4.2 Anomalie de la sécrétion d'insuline

Il n'existe pas de diabète sans atteinte de la cellule ß pancréatique. Le défaut de sécrétion d'insuline joue un rôle important à tous les stades du diabète de type 2 d'où l'on a rapporté :

•Une perte de la phase précoce (figure 6) et, dans les formes sévère, un retard de la seconde phase de sécrétion d'insuline en réponse à une stimulation glucosée (comme s'il existait un défaut de reconnaissance du glucose par les cellules ß) ;

•Un défaut de la pulsatilité de l'insuline : comme la plupart des hormones, la sécrétion normale d'insuline se fait à l'état basal. En dehors des repas, sous forme de «décharge» régulière, toutes les 10 à 15 minutes. La pulsatilité de la sécrétion améliore considérablement l'efficacité de l'hormone. Dans le diabète de type 2, ces décharges sont réduites, voir absentes (Perlemuter *et al.,* 2003).

•Une sécrétion insuffisante en raison de modification de la morphologie du pancréas endocrine, diminution (modeste) du nombre total de cellule ß, dépôts amyloïdes au sein des îlots dont l'accumulation pourrait interférer avec l'exocytose ;

•Une inhibition de la sécrétion liée à la glucotoxicité et à la lipotoxicité, c'est-à-dire lorsque une hyperglycémie à jeun ou post prandiale apparaît, un cercle vicieux va s'installer : en effet, celle-ci est toxique pour le pancréas ce qui induit une glucotoxicité (est définit comme un état d'hyperglycémie chronique interférant comme tel avec la captation périphérique du glucose et aussi avec le fonctionnement normal de la cellule ß), ainsi que la dyslipidémie due à la lipolyse qui n'est plus freinée ; lipotoxicité qui fait suite à la présence d'un taux élevé d'AGL plasmatiques habituellement retrouvés dans le diabète de type 2 (Guilausseau, 2003 ; Fischer & Ghanassiaa, 2006).

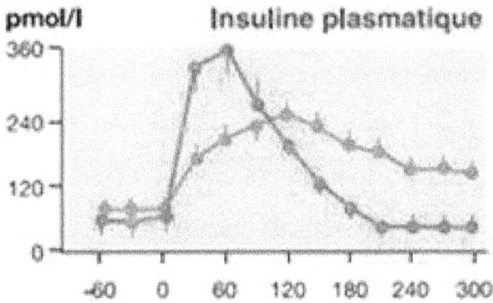

Figure 6: Sécrétion de l'insuline chez des sujets normaux et des sujets diabétiques type 2 après charge en glucose (Debroucker, 1995).

2.5 Syndrome métabolique

La notion de syndrome métabolique est ancienne : c'est une association d'un ensemble de facteurs de risque cardiovasculaire qui survient au décours d'une accumulation de masse grasse intra- abdominale et qui majore le risque cardiovasculaire des diabétiques.

Plusieurs définitions ont été proposées par l'organisation mondiale de la santé (OMS) et par des groupes américains et européens ; elles ont en commun la présence de trois anomalies choisies dans une liste comprenant : l'obésité abdominale, des anomalies lipidiques, un trouble de la glycorégulation, une hypertension artérielle (Belkhadir, 2013).

La définition actuellement retenue est celle de l'IDF qui associe une obésité centrale (définie pour les européens par un tour de taille supérieur à 94 cm chez l'homme et 80 cm chez la femme) et deux des quatre facteurs de risque cardiovasculaire suivants :élévation des triglycérides (> 1,50 g/l), abaissement du HDL-cholestérol (< 0,40 g/l chez l'homme,< 0,50 g/l chez la femme), hypertension artérielle (HTA) (> ou = à 130 / 85 mmHg) et hyperglycémie à jeun (> 1 g/l) ou diabète de type 2 (tableau 7).

Si l'intérêt du concept de syndrome métabolique en recherche clinique ou épidémiologique est avéré, son apport spécifique pour la décision en pratique clinique de routine demeure incertain. Le syndrome métabolique en tant que tel n'est pas pris en compte pour la détermination du risque cardiovasculaire dans les recommandations de pratique clinique (Belkhadir, 2013).

Tableau 7: Définition du syndrome métabolique (Martin, 2006).

NCEP–ATP* III (2001)	IDF (2005)
Syndrome Métabolique si	Syndrome Métabolique si
au moins 3 des 5composants suivants : (M > 94 ; F > 80) et au moins	↑diamètre abdominal
composants suivants :	2 parmi les
↑diamètre abdominal (M >102 ; F > 88 cm) mmHg	Pression artérielle ≥ 130/85
Pression artérielle ≥ 130/85 mmHg mg /dl	Triglycérides à jeun ≥150
Triglycérides à jeun ≥ 150 mg/dl mg/dl	HDL-C < 40 (M) ; <50 (F)
HDL-C < 40 (M) ; < 50 (F) mg/dl	glycémie à jeun ≥110 mg/dl
Glycémie à jeun ≥110 mg/dl	

*ATP : adult treatment panel

Chapitre 3 : Complications & prise encharge du diabète de type 2

3.1 Complications du diabète type 2

Le développement des complications des diabètiques est corrélé au mauvais contrôle de glycémie ; en conséquance, ces complications affectent tous les payes de diabète mal équilibré (Hennen, 2001).

Les complications chroniques du diabète de type 2 comprennent deux composantes ; la microangiopathie atteint les artérioles et les capillaires des differents tissus de l'organisme et la macroangiopathie touche les gros vaisseaux destinés à l'encéphale (artère carotide de vertébrale), au cœur (artère coronaire) et aux membres inférieurs (artère fémorales, poplités, jambières et péronières) (Guillausseau, 2003).

3.1.1 Macroangiopathie

Macroangiopathie est l'atteinte obstructive des artères de gros et moyens calibres qui accompagne le diabète. Elle est considérée comme une forme précoce et aggravé d'athérosclérose commune (Smogyi A *et al.,* 2011). Elle est due a l'athérosclérose (formation de dépots lipidique dans la paroi des artéres). Elle peut toucher les vaisseaux du cœur (circulation coronaire), des membres inférieurs (artères fémorales, poplités,jmbiére et préronières) et a destinée cérébrale et qui est favorisé par de nombreux autre facteurs de risque , comme l'excés de lipides sanguins (cholestérol en particulier) , le tabagisme et l'hypertension artérielle (Bruet, 2005).

a/ Maladie coronaire

L'insuffisance coronaire reppresente la première cause de déces prématuré chez les diabètiques (3 fois plus de déces par insuffisance coronaire chez les hommes diabétiques entre 40 et 65 ans que chez les non-diabètiques du même âge) trois situations cliniques sont rencontrées :

      1- Ischémie myocardique silencieuse

      2- Angor d'effort ou de repos

      3- Infarctus du myocarde (Guillausseau, 2003)

b/ Artérite des membres inférieurs

Le diabète représente la première cause d'amputation non traumatique des membres inférieurs, l'artérite se manifeste par des crampes des mollets survenant à la marche, parfois des douleurs au repos, surtout la nuit. Des obstructions brutales par un caillot provoquant une ganggrène aigue sont possibles (Bruet, 2005).

c/ Accidents vasculaire cérébraux (AVC)

Les lésions athéromateuses des artères à destinée encéphalique : thromboses, embolies, favorisent leur survenue, de même que les troubles du rythme cardiaque type fibrillation auriculaire qui serait plus fréquante chez les diabétiques (Passa, 2007).

d/ Pied diabétique

Le pied diabétique est une complication majeure du diabète, mettant parfois en jeu le pronostic vital (Jouhar *et al.*, 1998).

Il s'agit d'une infection (figure 7), d'une ulcération et d'une destruction des tissus profonds (Ponsonnaille, 2000) associés à des anomalies neurologiques et à divers degrés d'atteinte vasculaire périphérique au niveau du membre inferieur (OMS, 1994). Il est source d'un handicap sévère, la prévention reste la seule arme de stabilisation du diabète (Jouhar *et al,*. 1998).

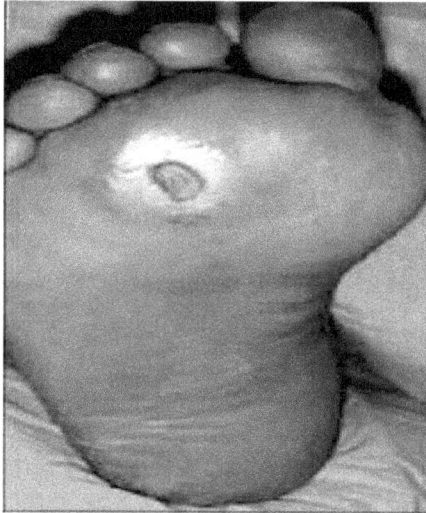

Figure 7 : Le pied diabetique (Corpus médical, 2006).

3.1.2 Microangiopathie

On appelle microangiopathie des lésions de la paroi du capillaires et veineux (épaississement de leur paroi interne) qui ont tendance a s'obstruer (Gérard & Lecerf, 2002).

Microangiopathie spécifique du diabète touche les petits vaisseaux de trois organes : l'œil, le rein et le système nerveaux (Valensi *et al.*, 2005).

a/ Rétinopathie

La rétinopathie diabétique est le première causse de cécité dans les pays industrialisé avant 50 ans. Après 15 ans d'évolution de la maladie diabétique, environ 2% des patients sont aveugles et 10% souffrent de malvoyance.

Chez un diabétique de type 2, le début de la maladie est souvent inconnu. L'examen ophtalmologique initial peut déjà découvrir une rétinopathie diabétique plus au moins évoluée. Un examen de font d'œil est donc impératif dans la découverte du diabète, une angiographie enfluorescence ophtalmologie est ensuite réalisée tous les ans, ou plus fréquemment s'il existe une rétinopathie diabétique évoluée à la découverte du diabète (Massin *et al.*, 2001).

La rétinopathie est la conséquance d'une hyperglycémie chronique, sa survenue est corrélée à la durée du diabète et au degré d'équilibre glycémique (figure 8). La rétinopathie menace donc les patients diabétiques après quelques années d'hyperglycémi mal maîtrisée. L'inversement, plusieurs articles ont prouvé qu'un excellent contrôle glycémique prévient ou retarde la rétinopathie. Il est donc prouvé que maintenir à long terme un taux correct d'HbA1 (inférieur à 15% de la normale) met à l'abris des complications micro vasculaire dont fait parti la rétinopathie (tableau 8) (Grimaldi, 2000).

Les principeux facteurs de risque de surveneue d'une rétinopathie diabétique sont l'ancienté du diabète mais aussi le mauvais équilibre glycémique mais également la pression artérielle et la qualité de traitement de l'hypertent.

Une équilibration optimale de la glycémie permet également de réduire l'incidence des complications micro vasculaire et la progression de la rétinopathie diabétique chez les diabétiques de type 2 (Massin *et al.*, 2001).

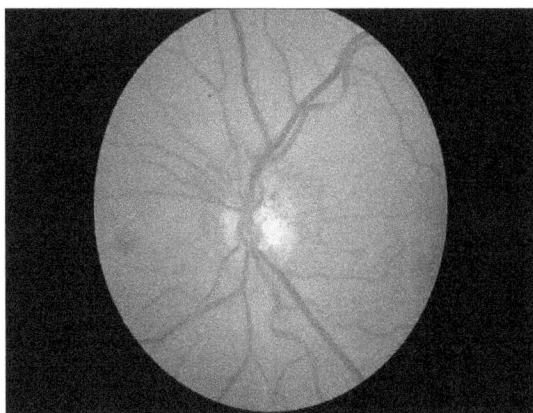

Figure 8: La rétinopathie (Corpus médical, 2006).

Tableau 8 : Classification de la rétinopathie diabètique (Lipsky *et al.*, 2004).

Stade	Lésion	Altération de la vision	Traitement
Non Proliférant	Dilatation micro anévrismes exsudats hémorragies rares	Non	Normalisation glycémique contrôle tensionnel
Préprolliférante, minime, modérée	Zones d'ischémies nombreuses hémorrragies	Possible	Contrôle tensionnel panphotocogulation au laser
Proliférant compliquée	Hémorragie du vitré décollement de rétine	Oui	Normalisation glycémique contrôle tensionnel
Maculopathie minime, modérée	Œdème maculaire	Oui	Normalisation glycémique contrôle tensionnel

b/ Neuropathie

Les neuropathies diabétiques représentent actullement la causse de neuropathie la plus fréquante dans le monde industrialisé, est une complication invalidante et potentiellement grave du diabète sucré. Le mauvais contrôle et la durée du diabète en représentant les principeux facteur de risque (Saïd,1999).

Elle a des expressions très diverses :

•La neuropathie périphérique touche les membres inférieurs ; elle est à prédominance sensitive : le patient présente des troubles de la sensibilité à la chaleur et à la douleur ; il percoit mal les vibrations du diapason. Les réflexes-ostéo-tendineux sont diminués ou abolis. Ces troubles sensitifs prédisposent à l'ostéoarthropathie mal perforant plantaire ;

•La mono neuropathie s'exprime par l'atteint d'un seul nerf : diplopie par atteint d'un nerf moteur oculaire, paralysie faciale périphérique…

•L'atteinte du système nerveux végétatif se traduit par des troubles digestifs (gastroparésie, diarrhée), urinaire (troubles de la vidange vésicale, impuissance, éjaculation rétrograde), vasculaires (hypotension orthostatique) et par la disparition des symptômes d'origine adrénergique des hypoglycémies (pâleur, sueurs, tachycardie…) (Rossant & Rossant Lumbroso, 2006).

L'hyperglycémie chronique et/ou la carence en insuline dans le nerf périphérique entraînant des troubles métaboliques et vasculaires responsables des altérations fonctionnelle et des anomalies historique caractéristiques observer au niveau de fibres nerveuses (Raccah *et al.*, 1997).

c/ Néphropathie

La néphropathie est une complication grave du diabète de type 2. Elle touche environ 25 % des diabétiques de type 2 (figure 9). Il s'agit le plus souvent d'une glouméluropathie diabétique, mais il peut aussi s'agit d'une néphropathie d'un autre type ou d'une patologie réno-vasculaire. Les symptômes sont initialement absent. La néphropathie se traduit uniquement par la présence dans les urines de protéines (micro-albuminurie puis macro-protéinurie). 30 à 50% des diabétiques de type 2 arrivent à ce stade qui peut durer plusieurs années.

A un stade avancé, il y a perte de la fonction rénal. Il s'installe alors une fatigue, des oedèmes, une augmentation de la tension artérielle. Ces signes sont associés à l'élévation dans le sang du nombre des déchets (augmentation de la créatinine et de l'urée dans le sang) habituellement éliminés par l'urine. Les urines contiennent à ce moment beaucoup de protéines (albumine). Il convient de mesurer une fois par an la clairance de la créatine. Pour que le résultat soit valide, le debit urinaire doit être de 2 ml/mn. Il convient aussi de mesurer une fois par an la micro-albuminurie. Cette mesure est réalisée sur les urines des 24heures. Un taux pathologique supérieur ou égale à 30mg/24 heures, et retrouvé à trois reprises, est un signe de néphropathie diabétique et marqueur de risque cardio-vasculaire (Avignon, 2001 ; RDP, 2006).

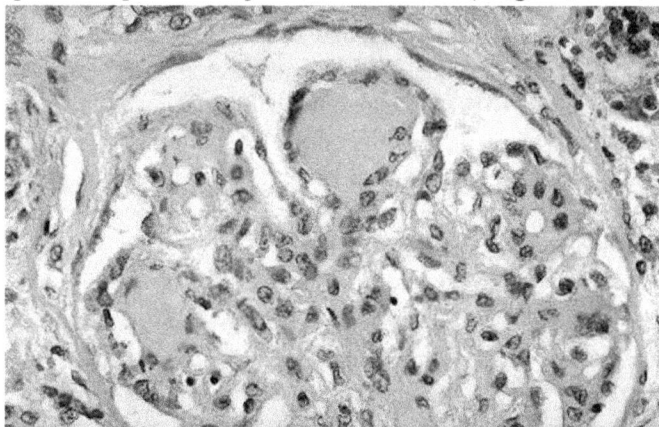

Figure 9 : La néphropathie (Corpus médical, 2006).

3.1.3 Complications infectieuses

Le patient diabètique présente une susceptibilité accrue aux infections (les infections urinaires, les infections de la peau, les infection grippales) qui évoluent longtemps sur le mode silencieux. Celles-ci sont favorisées par un mauvais équilibre glycémique mais peuvent à leur tour détériorer l'équilibre du diabète (Valensi *et al.*, 2005).

3.1.4 Complication métaboliques

Il existe 4 types de complication aigues du diabète : acidocétose, acide lactique, hypoglycémie et le coma hyper-smolaire. Il a un risque vital à court terme et le traitement doit être débuté en urgence (Gabriel & Nelly, 2002).

a/ Hypoglycémie

L'hypoglycémie apparait suite a un excés relatif d'insuline dans le sang et débouche sur des valeurs glycémiques exceptionnellement basses. L'hypoglycémie se définit comme étant un événement dans le cadre duquel les symptomes typiques d'une hypoglycémie sont associés a une concentration de glucose plasmatique < 70mg /dl (3,9 mmol/l). C'est un accident le plus fréquent et le plus redouté chez les diabétiques par l'insuline ou par des médicaments de sulfamides qui ont pour effet de stimules l'action pancréatique de l'insuline. En générale le diabète est contrôlé, mais une erreur ou un phénomène annexe (repas insuffisant ou inexistant, activité trop intense ou stress) provoque une chut du taux de glucose sanguin (Bruet, 2005)

b/ Coma hyper-osmolaire

Il s'agit des sujets très âgés, diabétiques de type 2 qui a l'occasion d'une situation favorisant la déshydratation (infection, grande chaleur, faible accés aux apports hydriques) majorent leur glycémie de façon très sévére, sans signe de cétose au d'acidose, le diagnostic n'est pas fait, l'hyperglycémie dépasse généralement 5 g /l, les troubles de conscience s'installent, la mortalité est très élevée (20 à 40%). Cette situation est majorée par l'administration de diurétiques, les troubles de la soif, à l'inverse elle est prévenue par la mise à l'insuline plus précoce des diabétiques insulino-requérants en particulier âgés (Halimi, 2003).

c/ Acidocétose

Elle est rare chez le diabétique de type 2, elle est le plus souvent consécutive a un facteur précipitant : stress majeur, traumatisme, infarctus du myocarde, corticothérapie, infection grave. Elle relève d'une prise en charge similaire à celle d'un diabétique de type 1et repose bien entendu sur l'insulinothérapie et l'yhdratation (Halimi, 2003). Une prise en charge thérapeutique adaptée en urgence peut prévenir l'évolution vers le stade de coma, stade nécessitant impérativement une hospitalisation en service de Réanimation (Valensi *et al.*, 2005).

d/ Acidose lactique

Il s'agit d'une complication exceptionnelle mais redoutable. Elle requiert l'existence d'une situation d'hypoxie tissulaire grave (insuffisance cardiaque, hépatique voirre rénale) et d'autres facteurs dont la prise de biguanide. Ceci contre indique l'administration de cette famille d'anti-diabètiques oraux, en cas d'insuffisance cardiaque ou hépatique importante et d'insuffisance rénale (Halimi, 2003).

3.1.5 Mortalité du diabète

Le diabète de type 2 est responsable d'une mortalité double de celle de la population générale de caractéristiques comparables, avec une surmontalité un peu plus importante chez la femme (x2.2) que chez l'homme (x1.9) (Halimi, 2008). Il représente aujourd'huit l'une des cinq premières causes de mortalité dans de nombreux pays occidentaux (OMS, 2005).

Actuellement, on estime à 246 million le nombre de personnes atteintes de diabète dans le monde (Ceriello & Colaguir, 2007).

Le diabète mal contrôlé est associé à des complications invalidantes et potentiellement mortelles comme la rétinopathie, la néphropathie, la neuropathie, et les maladies cardiovasculaires. En réalité, il est probable qu'il se situé auxlentours de 4 millions de morts par an. Soit 9% de la mortalité totale (OMS, 2005).

3.2 Prise en charge des patients diabétiques

3.2.1 Suivi par le medecin

a/ Dépistage du diabète type 1

Le diabète de type 1 résulte principalement de la destruction des cellules β du pancréas attribuable à un processus à médiation immunitaire qui est probablement déclenché par des facteurs environnementaux chez les personnes génétiquement prédisposées.

On peut estimer le risque de diabète de type 1 en examinant les antécédents familiaux de diabète de type 1, soit le sexe des membres de la famille atteints et l'âge qu'ils avaient quand le diabète est apparu (Harjustsalo et al., 2006), et en déterminant le profil immunitaire et les marqueurs génétiques du patient (Decochez et al., 2005). La perte de cellules β du pancréas associée au développement du diabète de type 1 est un prodrome infra-clinique qui peut être décelé de façon fiable chez les parents du premier et du deuxième degré des personnes atteintes de diabète de type 1 par la présence d'auto-anticorps anti-cellules β du pancréas dans le sérum (Bingley, 1996). Des études cliniques en cours mettent à l'épreuve différentes stratégies visant à prévenir le diabète de type 1 à un stade précoce en cas d'auto-immunité positive ou à en inverser l'évolution. Comme la recherche des marqueurs sérologiques n'est pas possible partout, en l'absence de données démontrant que certaines interventions permettent de prévenir le diabète de type 1 ou d'en retarder la survenue, aucune recommandation universelle ne peut être faite pour ce qui est du dépistage du diabète de type 1.

b/ Dépistage du diabète type 2

Le dosage de la glycémie veineuse à jeun doit être réalisé :

- Chez tous les sujets présentant des signes cliniques évocateurs de diabète
- Chez tous les sujets âgés de plus de 40 ans

Il doit être répété tous les 3 ans en l'absence de facteur de risque de diabète existant, Il est effectué tous les ans en cas d'apparition d'un des facteurs de risque suivants :

- IMC $\geq$ 27 kg/m^2
- Un parent diabétique au premier degré
- Antécédents de diabète gestationnel ou de macrosomie fœtale
- HTA (> 140/90 mm Hg), Hypertriglycéridémie (> 2 g/l) et/ou HDL-cholestérol bas (< 0,35 g/l)
- Hyperglycémie modérée à jeun connue (glycémie à jeun entre 1,10 et 1,25 g/l)
- Antécédent de diabète cortico-induit
- Obésité abdominale : Tour de Taille: > 80 cm pour les femmes.

> 94 cm pour les hommes (OMS, 2011).

c/ Examen clinique

L'examen clinique peut être normal. Il est primordial de mesurer le poide et la taille, ainsi que le tour de taille. l'evolution du poids et du périmètre abdominal est un témoin de l'efficacité du traitement. Un malade qui maigrit suit bien son régime hypocalorique ou, s'il presente un diabète de type 1, n'est pas correctement trité. Au contraire, un diabètique qui grossit ne respecte pas ses prescription diététiques ou est surdosé en insuline et/ou en insulinostimulants (à moins qu'il ne reçoive une glitazone). L'évolution de la taille est aussi importante chez l'enfant. Si son traitement insulinique est inadéquat, il grandit mal et restera « un petit adult ». L'attention sera encore attirée par la peau et les muqueuses (vitiligo, intertrigo, blanite, vulvite, xanthélasma), les mains, les pieds, la pression artérielle en position couchée et debout, les souffles vasculaires, les pouls périphérique ainsi que par les réflexes ostéo-tendineux, la sensibilité au diapason du dos du tarse et au monofilament à la voûte plantaire. La recherche d'une lipodystrophie est essentielle. La surveillance des dents et de la bouche fait également partie du bilan (Martin, 2006).

d/ Examen spécialisés complémentaires

- **Actes techniques**

   - Photographies du fond d'oeil, avec ou sans dilatation pupillaire, ou ophtalmoscopie indirecte à la lampe à fente avec dilatation pupillaire (Complications oculaires) systématique.
   - Electrocardiogramme (ECG) de repos annuel, systématique.
   - Bilan cardiologique approfondi pour dépister l'ischémie myocardique asymptomatique chez le sujet à risque cardio-vasculaire élevé.
   - Échographie Doppler des membres inférieurs avec mesure de l'index de pression systolique (IPS) pour dépister l'artériopathie des membres inférieurs : chez les patients âgés de plus de 40 ans ou ayant un diabète évoluant depuis 20 ans, à répéter tous les 5 ans, ou moins dans le cas de facteurs de risque associés (Corpus médical, 2006).

- **Suivi biologique**

   - HbA1c, suivi systématique, 4 fois par an.

   - Glycémie veineuse à jeun (contrôle de l'autosurveillance glycémique, chez les patients concernés),
   - Bilan lipidique (CT, HDL-c, TG, calcul du LDL-c), 1 fois par an.
   - Microalbuminurie, 1 fois par an.
   - Créatininémie à jeun, 1 fois par an.
   - Calcul de la clairance de la créatinine,
   - Thyréostimuline (TSH), en présence de signes cliniques (Corpus médical, 2006).

3.2.2 Suivi par le patient

a/ Éducation

Le diabète est une maladie chronique, incurable, qui pose au médecin des problèmes spécifiques. Tous les conseils qu'il pourra donner, toutes les mesures thérapeutiques qu'il pourra mettre en œuvre, n'atteindront leur but que si le patient lui-même est convaincu de la nécessité d'une coopération continue. A cet effet, il ne suffit pas d'informer le diabétique de ce que sont le diabète et ses complication ; il faut aussi le persuader de la nécessité de bien suivre sont traitement toute sa vie. Ce faisant, des relations amicales et durables se tissent entre le médecin et son patient et pour longtemps. C'est la meilleure assurance contre les traitements fantaisistes, faciles à suivre mais dangereux (Platon *et al.,* 1980).

Le médecin doit tenir compte des capacités du patient, de son activité, de son style de vie. Si possible, l'entourage doit être informé, particulièrement celui des enfants ou des diabétiques dont les capacités intellectuelles sont limitées. Le bien être qui renaît dès la mise en route du traitement aide à créer un climat de confiance propice à la relation thérapeutique.

Les occasions d'améliorer les connaissances du diabétique ne manquent pas, que ce soit à l'hôpital ou en consultation. Les hôpitaux possédant un service de diabétologie apportent facilement au patient les informations nécessaires grâce à la coopération entre médecins, diététiciennes, infirmières, etc. (Petrides, 1977 ; Teuscher, 1973).

L'éducation par petits groupes permet au patient de prendre conscience qu'il n'est pas seul à avoir ces préoccupations. Bien entendu, bon nombre de problème (touchant à l'activité, la famille, la vie sociale), ne peuvent être discutés qu'à l'occasion d'entretiens avec le médecin ou l'assistante sociale. Le médecin doit avoir, si le patient le désire, des contacts avec l'employeur ou la sécurité sociale. On peut aider à ce que le patient ait des horaires de travail plus réguliers, qu'il puisse suivre son régime dans le restaurant d'entreprise, ou qu'il puisse trouver un logement à proximité de son travail. Par-dessus tout, le médecin doit essayer d'écarter les partis pris qui existent encore dans l'esprit de certains employeurs contre les diabétiques.

L'éducation des diabétiques, qui nécessite beaucoup de temps, pose de gros problèmes en pratique médicale courante. C'est la rasions pour la quelle dans de nombreux pays développés comme la Suisse, la Scandinavie, les états unis d'amériques, la France etc., des efforts considérables sont faits pour traiter et informer systématiquement les diabétiques (Platon *et al.*, 1980).

b/ Autocontrôle

Le patient apprendra à mesurer une glycémie capillaire. L'auto-contrôle glycémique a pour objectif le suivi de l'efficacité du traitement. Le but est que le patient soit capable de comprendre le sens et l'utilité de ces mesures, d'analyser les changements glycémiques relatifs aux écarts alimentaires et de documenter l'effet bénéfique de l'activité physique. Le fait de pouvoir objectiver ces modifications glycémiques peut avoir un effet motivant non-négligeable pour le patient, et éventuellement l'aider à accepter le changement (l'ajout) d'un traitement hypoglycémiant (Slama-Chaudhy *et al.*, 2013).

Chapitre 4 : Sujets & Méthodes

4.1 Type & Objectif de l'étude

Notre étude est une enquête prospective transversale réalisée sur des patients diabétiques de type 2 dont l'âge moyen est de 63.51 ± 9.49 ans au niveau de la ville de Sidi-Bel-Abbès. L'objectif principal de la présente enquête est d'étudier l'ensemble des profils socioprofessionnels, nutritionnels et biochimiques chez un échantillon représentatif de patients diabétiques.

4.2 Organisation générale de l'enquête

4.2.1 Description de l'enquête

Notre étude a pris lieu au niveau de la maison du diabétique (Polyclinique El-Arbi BEN MHIDI) au chef lieu de la wilaya de Sidi-Bel-Abbès sur une durée de trois mois (entre Février et Avril 2014). Cette enquête a nécessité beaucoup de préparation tel que la constitution de l'échantillon et le recrutement de sujets ainsi la préparation des documents nécessaires au déroulement de l'enquête (les questionnaires, les carnets alimentaires).

4.2.2 Constitution de l'échantillon et critères de sélection

La présente étude a portée sur un échantillon de 183 individus souffrant de diabète confirmé de type 2 dont 77% sont de sexe féminin et 23% de sexe masculin.

a/ Critères d'inclusion

Les patients enquêtés ont été sélectionnés selon des critères:

- Des diabétiques de type 2 des deux sexes.
- Sous antidiabétiques oraux ou insuline.
- Habitants le chef lieu de la ville de Sidi-Bel-Abbès.

b/ Critères d'exclusion

- Les patients diabétiques avec des complications trop sévères.

4.2.3 Préparation psychologique des sujets

Cette étape consiste à une bonne préparation psychologique des patients afin d'avoir leur consentement, en leur expliquant l'objectif de l'étude, et l'intérêt que porte ce travail sur leur état de santé et leur permettre une meilleure compréhension des étapes de l'enquête. D'autre part des explications leurs ont été fournies pour ce que est du remplissage des formulaires et des carnets alimentaires.

4.2.4 Mesures anthropométriques

L'évaluation anthropométrique et clinique a porté sur les éléments suivants :

- **Poids** : mesuré à l'aide d'un pèse personne mécanique modèle (SECA 761 Sauna, Germay. Capacité : 150Kg / Graduations : 1000 g).
- **Taille** et **tour de taille** (TT) à l'aide d'un ruban mètre.

4.2.5 Evaluations biochimiques

Les résultats des derniers bilans pour chaque patients on été prélevés à partie de son dossier médical, ces résultats concernent:

- Glycémie à jeun.
- Glycémie postprandiale (GPP).
- Bilan lipidique (Cholestérol total, Triglycérides, HDL-cholestérol et LDL-cholestérol).

4.2.6 Données recueillies par questionnaires

Notre formulaire est composé d'une série de questions organisées en trois parties (voir annexe):
- **Partie identification** : permet d'identifier le patient et d'avoir ses cordonnées (Nom, Prénom, Sexe et Age).
- **Données socioprofessionnelles** : permet de savoir la situation matrimoniale des patients, leur niveau d'étude, la profession exercée ainsi que le taux de revenu familial et le lieu de résidence.
- **Mode de vie** : dans cette partie nous avons étudié l'historique de la maladie diabétique, l'activité physique, la présence de facteurs héréditaires, la présence d'un facteur de risque tel que l'obésité et la sédentarité.

4.2.7 Fiche clinique

La fiche clinique se présente sous forme de formulaire qui résume les données suivantes :
- Complications du diabète.
- Contrôle glycémique.
- Traitement médicamenteux.
- Et autres informations utiles.

4.2.8 Carnet alimentaire de trois jours

Appelé encore le journal alimentaire, est remis aux sujets enquêtés, ensuite complété et vérifié par les enquêteurs. Dans ce dernier la consommation alimentaire est transcrite sur une période de 3 jours incluant les différents repas de la journée ainsi que les grignotages. Chaque individu interrogé devait noter quotidiennement la nature et la qualité de la totalité des aliments et boissons consommées ainsi que l'horaire et le lieu.

Cet outil donne des résultats plus proches de la réalité et constitue pour le patient une durée non contraignante et lui permet de remplir avec aise ce journal qui comprend l'alimentation ingérée durant les quatre principaux repas de la journée (petit déjeuner, déjeuner, goûter et dîner) s'ajoute la collation matinale et le grignotage. En utilisant des moyens de mesure (type d'assiette, le shop…) ainsi pour certains aliments commerciaux nous avons sollicité les patients à les exprimer en termes de marques commerciales comme les yaourts, les biscuits etc.…

Pour certains patients le remplissage de carnet était difficile alors on les a demandé de choisir un membre de la famille pour les aider.

4.3 Traitements statistiques des résultats

L'analyse statistique est basée sur l'utilisation du logiciel **SPSS** 20. (*Statistical Package for the Social Sciences*, IBM Corporation; Chicago, IL. August 2011). Les variables quantitatives par groupes ont été comparées par le test « *t* » de Student. Seules les différences significatives au seuil de 5% ont été retenues. Tandis que pour les variables qualitatives les tests de Corrélerions, Régression linéaire et le test de l'ANOVA à 1 facteur ont été utilisés.

Le traitement des carnets alimentaires pour l'évaluation des rations a été réalisé manuellement par l'utilisation des tables de compositions « *Table Ciqual - Nouveautés version 2013* » qui contient des informations nutritionnelles moyennes sur environ **1500 aliments** qui permet de classer les aliments par nom, par famille et par constituants.

Chapitre 5: Résultats & interprétations
5.1 Répartition des patients selon leur sexe

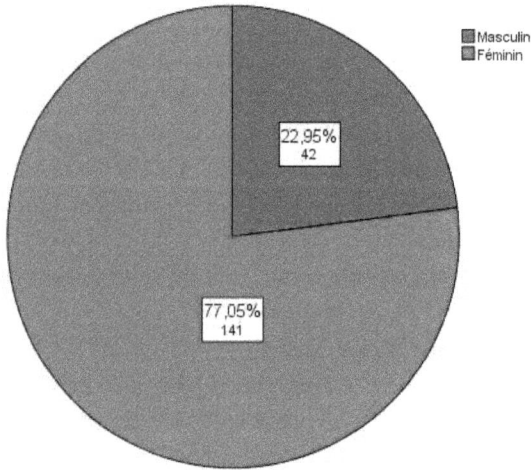

Figure 10: Répartition des participants selon leur sexe.

Le sexe ratio filles/garçons est de l'ordre de 3.35. Le taux de participation des filles (77.05%) est presque trois fois supérieur au taux de participation des garçons (figure 10).

5.2 Répartition des patients selon l'âge et l'ancienneté du diabète

Tableau 9 : L'âge des patients selon leur sexe

	Masculin n=42 (23%)	Féminin n=141 (77%)	P valeur pour le test-t de Student
Age (ans)	65.92±8.21	62.80±9.75	0.061
L'âge du diabète (ans)	13.09±8.79	12.38±7.25	0.598

L'âge moyen de l'ensemble des patients est de l'ordre de 63.51±9.49 ans avec un minimum de 44 ans et un maximum de 88 ans. Aucune différence significative n'a été observée entre les deux sexes (p=0.061). L'âge moyen du diabète, depuis le diagnostic, est de 12.55±07.62ans, la différence entre les deux sexes n'est pas significative (tableau 9).

5.3 Caractéristiques anthropométriques des participants

Tableau 10 : Caractéristiques anthropométriques des patients

	Masculin n=42 (23%)	Féminin n=141 (77%)	P valeur pour le test-t de Student
Poids (kg)	71.79±14.79	70.95±12.06	0.709
Taille (m)	1.68±0.08	1.57±0.05	0.000*
Tour de taille (cm)	96.13±17.71	100.54±17.67	0.163
IMC (kg/m^2)	24.96±3.79	28.71±4.55	0.000*

IMC : Indice de masse corporelle, *P<0.0001

Le tableau 10 montre les caractéristiques anthropométriques des sujets. Comme attendu, les hommes ont une taille significativement supérieure que celle des femmes (p<0.01) ce qui reflète aussi la différence d'IMC. Aucune différence significative n'apparait en termes de poids entre les femmes et les hommes.

5.4 Etude des paramètres sériques chez l'ensemble des patients

Pour évaluer les différences des taux sériques des lipides, HbA1c et la glycémie étudiés entre les deux sexes, nous avons comparé par le test *t* de Student, les moyennes des concentrations de ces différents paramètres dans la population diabétiques intégrées dans notre étude. Dans le tableau suivant, nous présentons les statistiques de ces comparaisons ;

Tableau 11: Paramètres biochimiques selon le sexe des patients diabétiques

	Masculin n=42 (23%)	Féminin n=141 (77%)	P valeur pour le test-*t* de
Cholestérol total	1.81±0.29	1.80±0.41	0.931
HDL-Choletérol	0.44±0.14	0.45±0.12	0.822
LDL-Cholestérol	0.99±0.26	1.13±0.38	0.130
Triglycérides	1.53±0.95	1.28±0.70	0.155
HbA1c	7.30±1.28	7.80±1.46	0.115
Glycémie à jeun	1.70±0.55	1.50±0.61	0.137
Glycémie postprandiale	2.83±0.70	2.29±1.16	0.249

Les résultats de la comparaison des moyennes entre les deux sexes de notre population nous révèlent que les moyennes entre les deux groupes pour les concentrations sériques lipidiques et glucidiques ne présentent pas de différences statistiquement significatives. Toutefois, les concentrations sériques de LDL-cholestérol sont élevées chez le sexe féminin. Le sexe masculin est caractérisé par des concentrations élevées des triglycérides, des glycémies à jeun et des glycémies postprandiales.

5.5 Traitement des données des questionnaires

5.5.1 Répartition des participants selon la situation matrimoniale

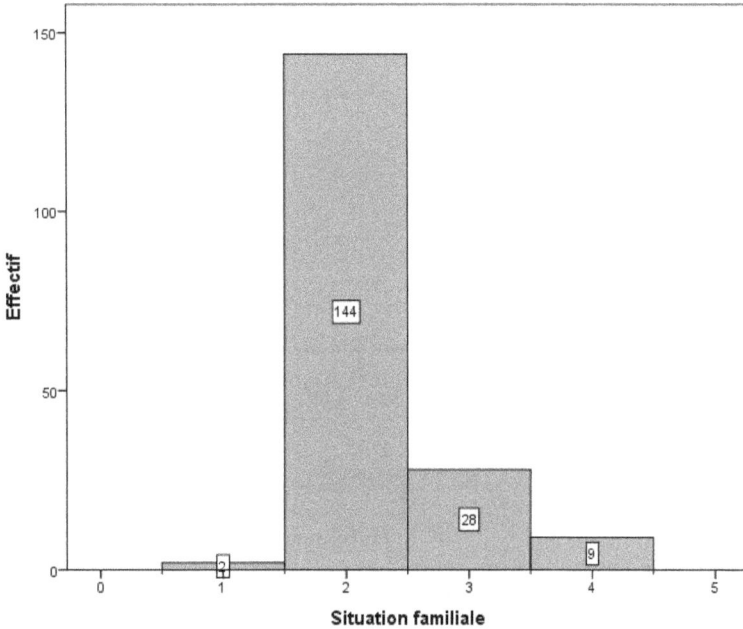

1 ; Célibataire, 2 ; Marié(e), 3 ; Veuf (ve), 4 ; Divorcé(e)

Figure 11: Situation matrimoniale de l'ensemble des patients

Pour ce qui est de la situation matrimoniale, nous constatons que la grande majorité de nos patients tous sexe confondus étaient mariées (78.68%) suivi par les veufs (ves) (15.30%). La classe des célibataires ne compte que 1.09% de l'ensemble des participants.

5.5.2 Répartition des participants selon leur activité professionnelle

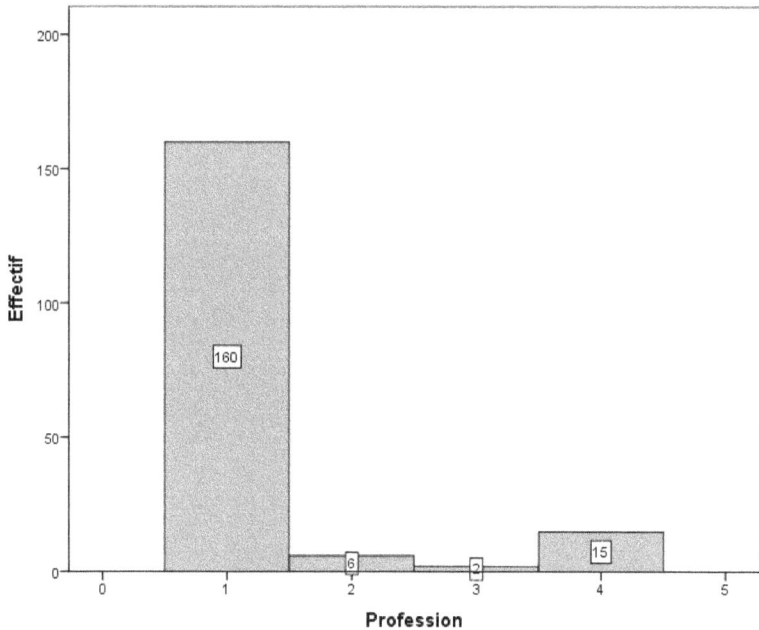

1 ; Sans profession, 2 ; Employé chez l'état, 3 ; Employé du secteur privé, 4 ;
Retraité

Figure 12: Répartition des patients selon leur activité professionnelle

La quasi-totalité des participants à l'enquête n'exerce aucune activité professionnelle, six patients sont employés par le secteur étatique contre 2 patients seulement par le secteur privé. Cependant la classe des retraitées constitue 8.19%, ceci peut être expliqué par l'âge moyen qui est de l'ordre de 63.51±9.49 ans pour l'ensemble des patients.

5.5.3 Répartition des participants selon le niveau intellectuel

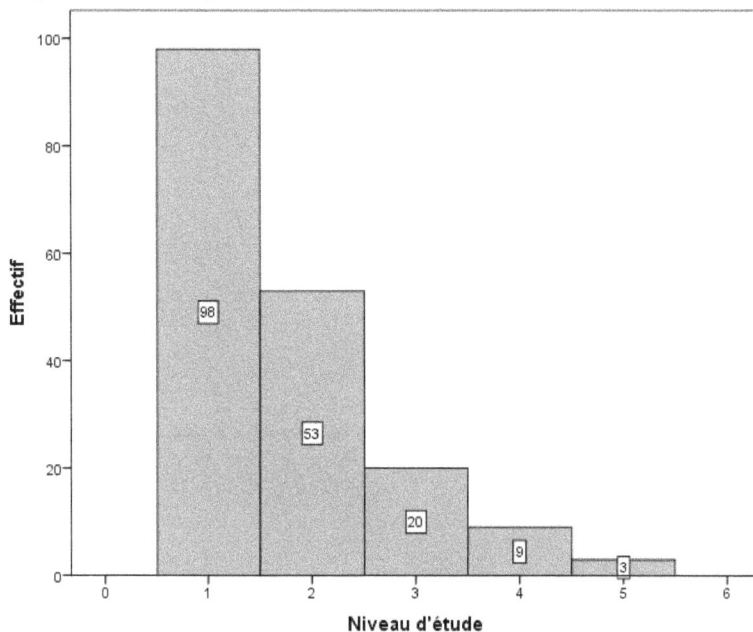

1 ; Sans, 2 ; Primaire, 3 ; Moyen, 4 ; Secondaire, 5 ; Supérieur

Figure 13: Répartition des patients selon leur niveau intellectuel

Notre étude a été effectuée sur un échantillon composé par 53.55% des personnes illettrées, 28.96% ayant fréquenté seulement l'école primaire. Notre échantillon comprenait aussi 1.63% des personnes ayant fréquenté l'université. La figure 13 montre une prédominance nette des illettrées et des niveaux d'études faibles.

5.5.4 Etiologie de la maladie diabétique
a/ Diabète et hypertension artérielle

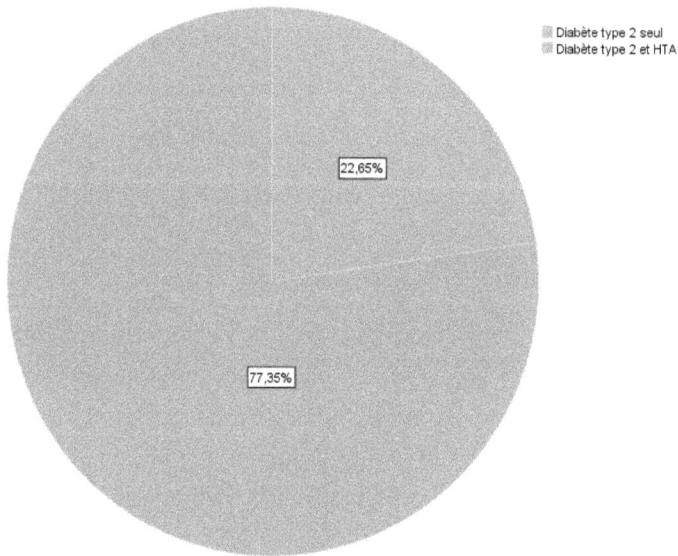

Figure 14: Association de la maladie diabétique avec l'hypertension artérielle

Nos résultats indiquent que 77.35% des patients diabétiques présentent une association positive avec l'hypertension artérielle contre 22.65% qui ont le diabète type 2 seul (figure 14).

b/ Traitement médicamenteux anti-diététique

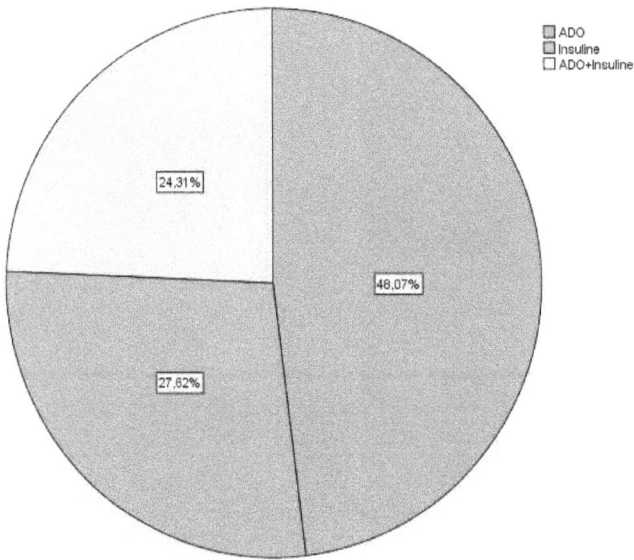

Figure 15: Répartition des patients selon le traitement antidiabétique suivi

Presque la moitié de nos sujets soit 48.07% des cas sont actuellement traitées pour leur diabète par les antidiabétiques oraux seules. 27.62% sont actuellement traitées à l'insuline (figure 15).

5.5.5 Relation entre l'indice de masse corporelle et le sexe des patients

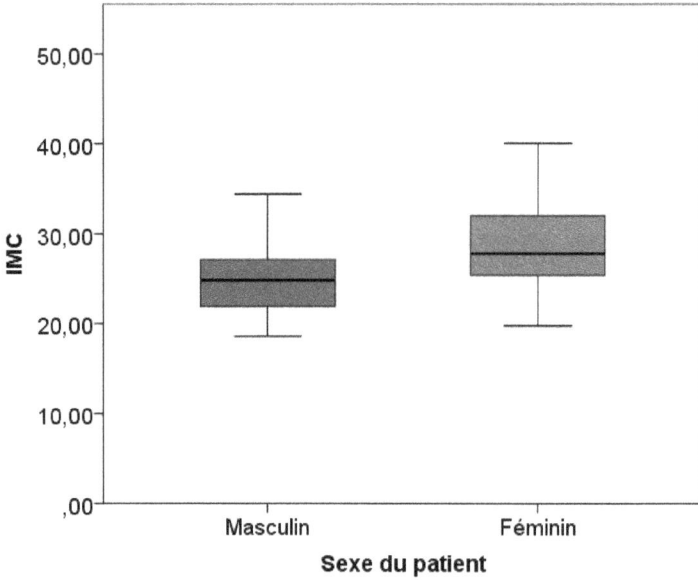

Figure 16: Relation entre l'indice de masse corporelle et le sexe des patients

Il existe une différence hautement significative ($p < 0,001$) pour la répartition de l'IMC selon le sexe (figure 16). Le surpoids et l'obésité sont plus fréquents chez les femmes, alors que la corpulence normale est plus observée chez les hommes.

5.5.6 Corpulence des patients diabétique selon le sexe

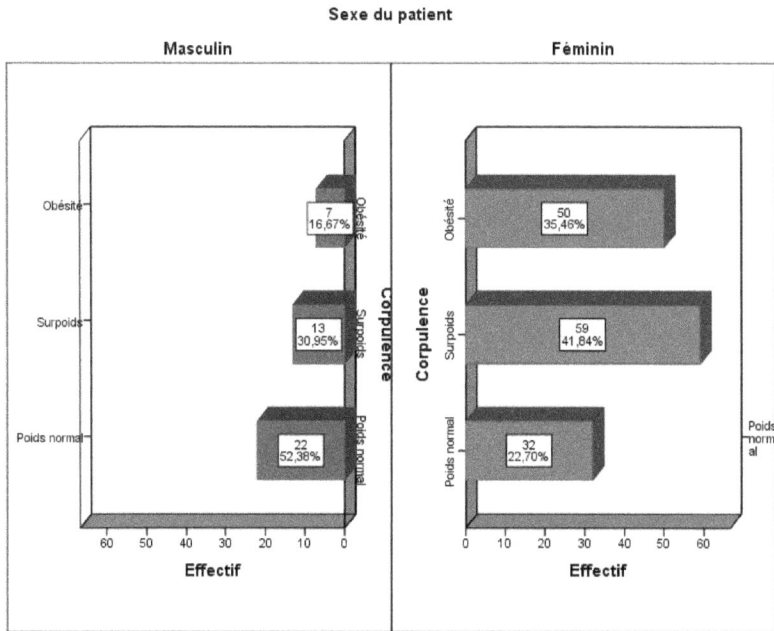

Figure 17: La corpulence des patients selon le sexe par effectif et pourcentage

L'étude de la corpulence par l'utilisation de l'indice de masse corporelle comme indicateur a révélé que les femmes en surpoids constituent une majorité chez le sexe féminin avec plus de 41.84% suivi par les femmes obèses (35.46%). Par contre chez le sexe masculin, la classe des normaux pondéraux représente une dominance (52.38%) par rapport aux autres classes de corpulence (figure 17).

5.5.7 Etude de la corrélation entre des paramètres biochimiques et la corpulence

a/ Corrélation de la glycémie à jeun avec l'IMC

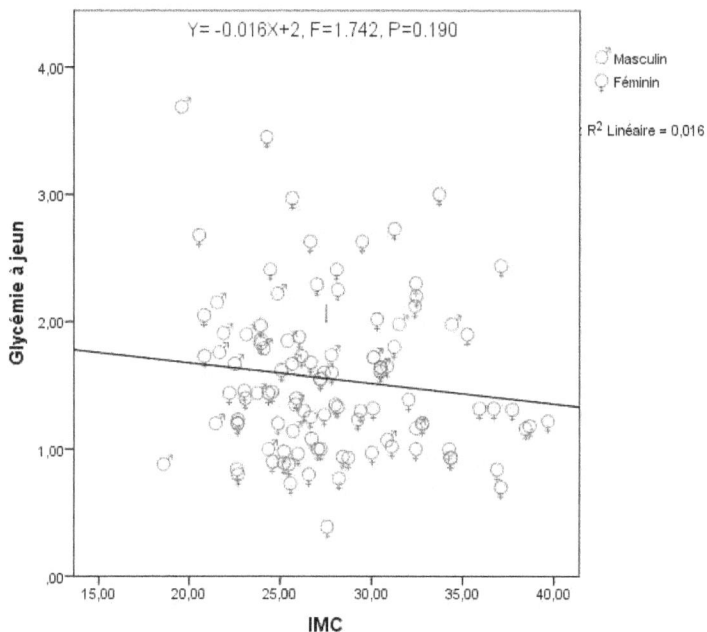

Figure 18: Corrélation entre la glycémie à jeun et l'IMC selon le sexe des patients

Nos résultats indiquent une corrélation négative mais non significative (p=0.190) entre la glycémie à jeun et l'IMC chez l'ensemble des patients tous sexes confondus (figure 18).

b/ Corrélation du cholestérol total avec l'IMC

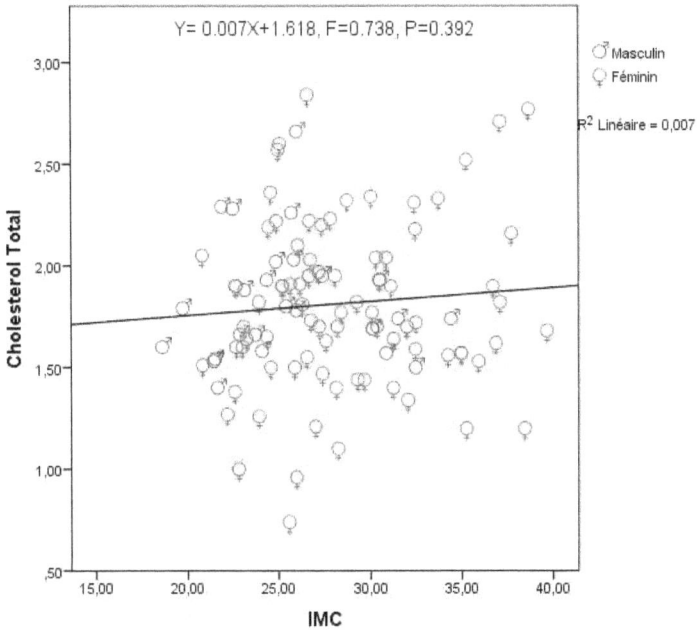

Figure 19: Corrélation entre le taux de cholestérol total et l'IMC selon le sexe des patients

Le cholestérol total est la mesure du gras circulant dans le sang. La recherche médicale a démontré qu'en réduisant le niveau de cholestérol total, on diminue le risque de maladie cardiovasculaire. Le cholestérol sanguin élevé est donc un facteur de risque modifiable.

Les résultats de la présente étude indiquent une corrélation positive non significative (p=0.392) entre le taux de cholestérol total et l'IMC chez les sujets diabétiques, les patients avec une corpulence élevée présentent un taux élevé de cholestérol total (figure 19).

c/ Corrélation du HDL-cholestérol avec l'IMC

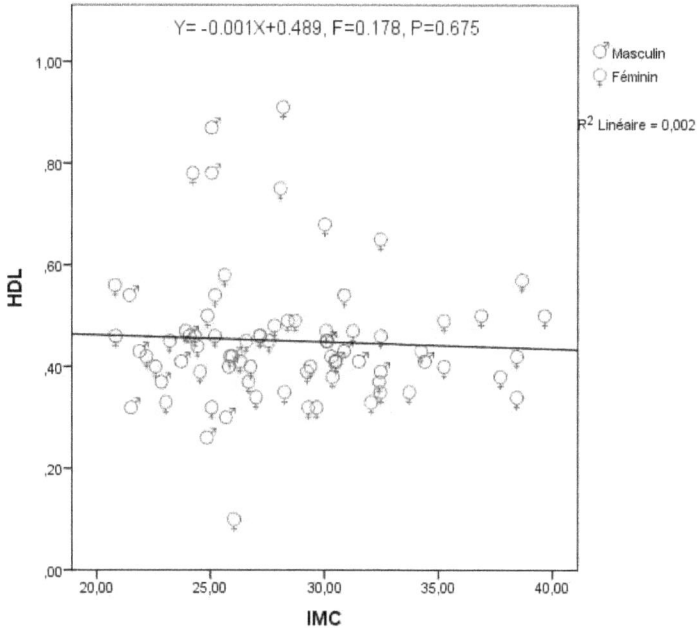

Figure 20: Corrélation entre le taux de cholestérol-HDL et l'IMC selon le sexe des patients

Le cholestérol HDL est considéré comme le « bon cholestérol ». Plus le niveau de cholestérol HDL est élevé, plus faible est le risque de maladie cardiovasculaire. Le maintien d'un poids idéal permet de maximiser le niveau de bon cholestérol. Le faible niveau de cholestérol HDL est un facteur de risque modifiable.

Une corrélation négative non significative ($p=0.675$) est notée entre le taux de HDL-cholestérol et l'IMC chez nos patients des deux sexes ce qui corrobore avec les données de la littérature qui suggèrent une diminution du taux de cholestérol HDL chez les sujets à risque (figure 20).

d/ Corrélation du LDL-cholestérol avec l'IMC

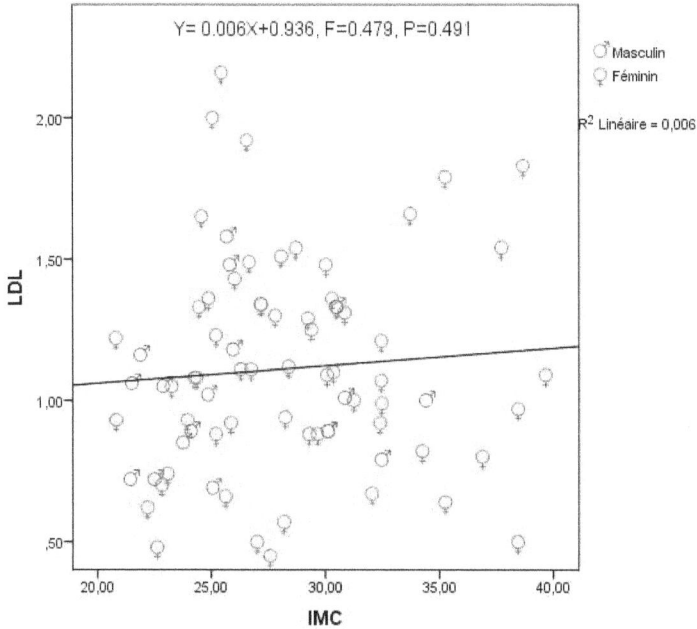

Figure 21: Corrélation entre le taux de cholestérol-LDL et l'IMC selon le sexe des patients

Le cholestérol LDL est considéré comme le « mauvais cholestérol ». Avec le temps, il s'accumule sur les parois des vaisseaux sanguins et accélère le processus d'artériosclérose. Le cholestérol LDL élevé est un facteur de risque modifiable.

Une corrélation positive non significative (p=0.491) est notée entre le taux de LDL-cholestérol et l'IMC chez nos patients des deux sexes (figure 21).

e/ Corrélation des triglycérides avec l'IMC

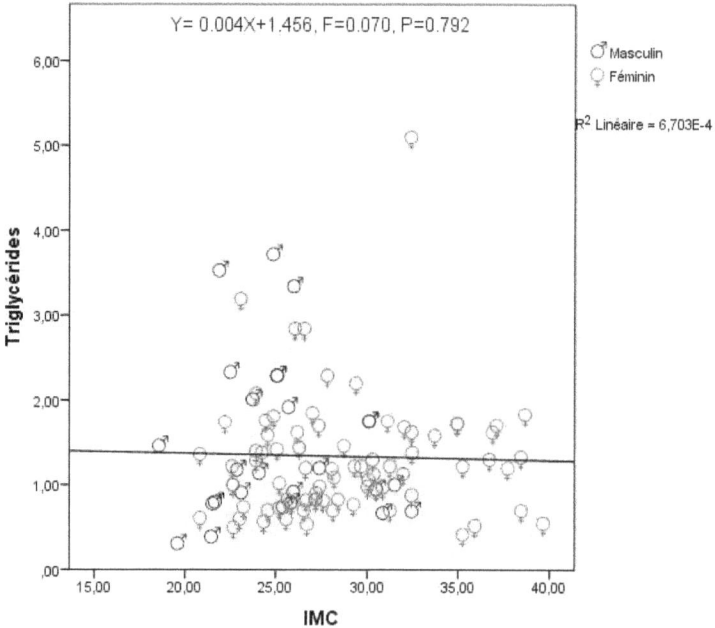

Figure 22: Corrélation entre le taux des triglycérides et l'IMC selon le sexe des patients

Les triglycérides sont composés d'acides gras et ils sont stockés dans les tissus adipeux (la graisse). Ils sont fabriqués par notre organisme au niveau de l'intestin grêle, et lors de la dégradation des sucres rapides par le foie. Lorsque les triglycérides sont trop abondants, ils sont un facteur de risque de maladie cardiovasculaire.

Chez nos patients qui sont considérés comme de vrais sujets à risque, une relation non significative ($p=0.792$) est notée entre le taux des triglycérides et l'IMC (figure 22).

5.5.8 L'apport énergétique de chaque repas pour l'ensemble des patients

L'analyse des carnets alimentaires indique que le déjeuner reste le repas le plus important de la journée chez nos patients (tableau 12). L'apport calorique apporté par le petit déjeuner est inférieur par rapport aux recommandations (20% des apports journalières). Cependant, les apports énergétiques du déjeuner et du dîner sont toujours supérieurs aux recommandations.

Tableau 12: Répartition de l'apport énergétique journalier par repas

	Petit déjeuner	Déjeuner	Goûter	Dîner	Total
Apport énergétiq	219.138±2 0.05	667.569±1 0.51	158.916±1 9.42	561.112±4 6.02	1606.735±9 6.01
%	13.630	41.522	9.884	34.901	100

5.5.9 Répartition calorique des principaux nutriments énergétiques

Bien que les recommandations nutritionnelles pour un sujet diabétique ne diffèrent ni en quantité ni en qualité de celles pour un sujet non diabétique de sexe, âge, poids et activité physique comparables désirant rester en bonne santé (Monnier & Slama, 1995). Chez nos patients, l'apport glucidique est supérieur aux valeurs recommandées qui est généralement de l'ordre de 180 à 220 g d'hydrates de carbone, représentant de 50-55% de la ration calorique quotidienne (tableau 13).

De même pour les lipides, où une recommandation de 30 à 35 % semble plus raisonnable. L'apport lipidique chez l'ensemble de nos patients est assez élevé. La même remarque pour les protéines où environ 15% de l'apport énergétique total, peut être souhaitable.

Tableau 13: Répartition des principaux nutriments énergétiques par repas

	Petit déjeuner	Déjeuner	Goûter	Dîner	Total
Protéines (g)	12.30	27.94	4.62	15.62	60.48
Glucides (g)	48.74	65.14	52.42	77	243.3
Lipides totaux (g)	5.86	44.5	8.4	12.8	71.56
Fibres alimentaires (g)	1.5	5.18	0.74	5.58	13.00

5.5.10 L'apport en sels minéraux

On ce qui concerne l'apport en minéraux pour les sujets diabétiques, l'apport sodé doit être réduit chez le diabétique hypertendu qu'il ait ou non une néphropathie. Les apports en potassium (K) et magnésium (Mg) sont, en général, correctement assurés si l'alimentation est suffisamment riche en légumes et fruits.

Les résultats de notre enquête indiquent que les besoins journaliers en minéraux, sont largement couverts chez l'ensemble de nos patients (tableau 14).

Tableau 14: Répartition du statut minéral par repas

	Petit déjeuner	Déjeuner	Goûter	Dîner	Total
Fe (mg)	2.18	2.14	2.16	3.96	01.44
Zn (mg)	1.28	1.94	5.26	1.56	10.04
Na (mg)	407.34	884.07	311.03	844.65	2477.09
K (mg)	245.34	478.28	156.78	309.68	1190.08

5.5.11 L'apport en vitamines

L'évaluation du statut vitaminique, chez les sujets diabétiques, a fait l'objet de très peu d'études. La quasi-totalité des vitamines doit être apportée par l'alimentation, néanmoins les besoins sont souvent difficiles à fixer, en particulier chez un sujet diabétique obèse où la ration est généralement hypocalorique.

Les résultats de notre enquête indique que le déjeuner représente le repas qui apport la grande partie des besoins en vitamines chez nos patients, suivi par le dîner (tableau 15).

Tableau 15: Statut vitaminique par repas

	Petit déjeuner	Déjeuner	Goûter	Dîner	Total
Vitamine A (UI)	25.23	412.36	74.12	222.57	734.28
Vitamine C (mg)	3.56	43.28	1.3	36.42	84.56
Vitamine B6 (mg)	0.12	0.36	0.08	0.34	0.90
Folate, B9 (µg)	34.68	112.62	25.68	76.3	249.28
Thiamine, B1 (mg)	1.67	1.79	0.16	0.25	3.87
Riboflavine, B2 (mg)	0.26	0.20	0.22	0.33	1.01
Niacine, B3 (mg)	2.56	5.69	2.16	3.65	14.06

Discussion Générale

Le diabète est considéré aujourd'hui, comme une priorité sanitaire mondiale. La fédération internationale du diabète parle de ''véritable pandémie'' de diabète dans le monde à cause de ses conséquences néfastes sur la santé et l'économie.

D'ailleurs, les statistiques, à l'échelle internationale, tirent la sonnette d'alarme. Les chiffres sont édifiants : 3,2 millions de décès sont enregistrés chaque année à travers le monde, soit un décès sur 20, une personne meurt du diabète toutes les 8 secondes dans le monde, soit plus que le sida et la malaria réunis (IDF, 2009).

Notre étude qui concerne l'évaluation des profils socioprofessionnels, nutritionnels et biochimiques chez des patients diabétiques de type 2, a été effectuée grâce à une enquête transversale sur un échantillon de 183 patients diabétiques (141 femmes et 42 hommes).

L'âge moyen de nos patients qui est de 63.51 ± 9.49 ans (les extrêmes d'âge entre 44 ans et 88 ans). Contrairement à l'étude américaine de Todd Coffey *et al.* 2002 où l'âge n'affecte pas la qualité de vie des patients diabétiques, Dans les pays industrialisés, l'oubli du traitement est rapporté dans presque 100 % des cas d'inobservance, généralement le plus élevé chez les personnes d'âge supérieur à 65 ans, ce qui peut être une causes majeur pour les complications aigues et chroniques de la maladie diabétique (AFSSAPS-HAS, 2007).

La prédominance féminine dans notre étude (77.05% des cas) peut être expliquée par la régularité des consultations observée chez les femmes diabétiques, leur souci d'équilibrer leur diabète mais aussi à la prédominance de l'obésité chez la population féminine algérienne.

Dans notre étude, la répartition des patients selon leur activité professionnelle indique que plus de 87% de la population étudiée a un niveau socioéconomique bas, dans de nombreux pays en développement, la pauvreté représente une barrière majeure pour la prise en charge de toutes les maladies en général, et celle des affections chroniques plus particulièrement (Gning *et al.*, 2007).

On ce qui concerne l'étude du niveau intellectuel des patients, les études suggèrent que l'analphabétisme altère la qualité de vie des diabétiques (Ben Salem Hachmi *et al.*, 2004). La compréhension de la maladie diabétique est meilleure chez les patients instruits, mais les résultats des études sont mitigés (Glasgow *et al.*, 1997 ; Blaum *et al.*, 1997).

Sur l'ensemble des patients 16.67% des hommes et 35.46% des femmes présentent une obésité, le surpoids est de l'ordre de 30.95% et 41.84% chez les hommes et les femmes respectivement. Cette relation entre l'excès de poids et le diabète est généralement expliquée par la génétique mais le mode de vie compte aussi. Les personnes en surpoids ont cinq fois plus de risque d'être diabétique que celles de corpulence normale. Chez les obèses, ce risque est multiplié par dix.

Pour ce qui est de paramètres biochimiques, il existe une corrélation négative non significative entre la glycémie et l'IMC chez nos patients ($R^2 = 0,016$, $p = 0,190$). Nos résultats sont en discordance avec ceux de Bakari *et al.*, 2006. D'autres études ont montré des résultats mitigés (Faheem *et al.*, 2010 ; Pucarin-Cvetković *et al.,* 2006).

Pour les lipides sanguins, des corrélations positives sont observées entre le cholestérol total et LDL cholestérol avec l'IMC. Par contre, des corrélations négatives sont notées entre le HDL cholestérol et les triglycérides avec l'IMC.

Il est toujours difficile à interpréter les résultats des lipides sanguins chez les sujets diabétiques ou hypertendus vu l'utilisation excessive des médicaments et plus particulièrement les statines (Fluvastatin & Atorvastatin) qui sont connues pour leurs effets sur l'abaissement des taux des lipides sanguins (Faheem *et al.*, 2010).

Nos résultats sur les apports énergétiques dévoilent un apport énergétique total de 1606.735±96.0 Kcal, ce qui est inférieur aux recommandations nutritionnelles.

Il y a deux possibilités pour expliquer cet apport restreint, soit une sous-estimation des quantités des aliments lors du remplissage des carnets alimentaires, soit cette restriction est envisagée en cas de présence d'une surcharge pondérale chez les patients diabétiques.

Le déséquilibre alimentaire noté chez l'ensemble des patients témoigne de l'éducation nutritionnelle déficiente de nos sujets et explique les troubles pondéraux et les taux déséquilibrés des lipides et de glucose sanguins.

Nos résultats corroborent les résultats de Ayadi, 2007 qui a trouvée que même une alimentation mal répartie sur le nycthémère, qui influence les horaires des prises alimentaires particulièrement le petit déjeuner, est responsable de la plus part des complications rencontrées chez la majorité des malades diabétiques.

Conclusion

Le diabète de type 2 est une affection liée à l'âge et au monde de vie, il est étroitement associé à l'obésité, au manque d'activités physiques, et à une alimentation non équilibrée.

C'est dans ce contexte que s'est déroulé la présente étude qui avais pour but d'étudier l'ensemble des profils socioprofessionnels, nutritionnels et biochimiques chez des diabétiques de type 2 des deux sexes, de laquelle, il en ressort les points suivants :

- Une prédominance féminine dans notre échantillon (77.05% des patients)
- Une prédominance d'obésité chez la population féminine
- L'étude de l'activité professionnelle indique que plus de 87% de la population présente un niveau socioéconomique faible
- L'apport énergétique total est de 1606.735±96.0 Kcal, ce qui est inférieur aux recommandations nutritionnelles. Cela reflète probablement des sous estimations des quantités d'aliments
- L'apport calorique apporté par le petit déjeuner est inférieur par rapport aux recommandations
- La part de la ration calorique quotidienne apportée par le déjeuner est très élevée chez les deux sexes ce qui constitue une erreur alimentaire à corriger

La prise en charge d'un patient diabétique nécessite une évaluation du statut alimentaire des patients pour une meilleur élaboration des conseils hygiéno-diététiques, une évaluation d'activité physique de manière plus précise, afin de trouver un équilibre entre dépenses et besoins, et de promouvoir et mettre l'accent sur le profil biochimique, glucose et lipides, ce qui est important dans le dépistage et surtout le maintien d'un bon équilibre.

Références bibliographiques

- ACD (Association Canadien de Diabète) 2003. Disponible online at: [www.diabète.ca/prof/nutritionnal-guide-eng.pdf]. Consulté 28 Mars 2014.
- ADA. American Diabetes Association. Diagnosis and classification of diabetes mellitus. Diabetes Care 2012; 35(suppl 1): 64-71.
- ADA. American Diabetes Association. Standars of Medicale Care in Diabetes. 2006; 29 (1): S4-S42.
- AFSSAPS-HAS. Recommandation Professionnelle. Traitement médicamenteux du diabète de type 2 (Actualisation). Novembre 2006. Recommandation de Bonne Pratique (Synthèse et recommandations). Diabetes Metab 2007; 33: 1S1-1S105.
- ANAES. Principe du dépistage du diabète de type II, février 2003.
- Avignon A, Barbe P, Basdevant A, Bresson. Cahier de Nutrition et diététiquet. Masson ; 2001. p. 73-77.
- Ayadi N. Alimentation de la femme enceinte diabétique travailleuse en Tunisie. Mémoire de école supérieur de science et de technique de la sante de Tunis- Nutrition humaine 2007.
- Bakari AG, Onyemelukwe GC, Sani BG, Aliyu IS, Hassan SS, Aliyu TM. Relationship between random blood sugar and body mass index in an African population. Int J Diabetes & Metabolism 2006; 14: 144-5.
- Belhadj M. Guide de diabétologie. Comité médical National de diabétologie 2005; p11.
- Belkhadir J, Abdallaoui F, Alarmi M. Azzouzi A. Diabète de type2. Recommandation des bonnes pratiques médicales. Rebat Maroc 2013.
- Benhamou PY. Des approches non médicamenteuses pour prévenir le diabète de type2 2005. Disponible online: [http://www.mondiabète.net/sciences/index.cfm?rub=100&ID=20]. Consulté 20 Mai 2014.
- Berendt AR, Pesters EJG, Bakker K. Diagnostic of diabetes. Diabetes Metab Res Rev 2008; 24 (suppl 1): S145-S161.
- Bingley PJ. Interactions of age, islet cell antibodies, insulin autoantibodies, and first-phase insulin response in predicting risk of progression to IDDM in ICAþ relatives: the ICARUS data set. Islet Cell Antibody Register Users Study. Diabetes 1996; 45: 1720e8.
- Blaum CS, Velez L, Hiss RG, Halter JB. Characteristics related of poor glycemic control in NIDDM patients in community practice. Diabetes Care 1997; 20: 7-11.
- Bruet T. Diabète. Larousse (paris) 2005 ; p. 160.

- Bush-Brafin MS, Pinget M. Le diabète de type 2. Service d'endocrinologie et diabétologie hôpitaux universitaires de Strasbourg. Médecine nucléaire-Imagerie fonctionnel et métabolique 2001; 25 (2) :103-114.
- Buysshaert M, Gérard S. Diabétologie clinique(Bruxelles): De Boeck Université 2006 ; p 180.
- Ceriello A, Colaguir S. Directive pour la gestion de la glycémie postprandiale. Diabetes Voice 2007; 52(3): 9-11.
- Corpus medicale-faculté de medcine de grenoble, 2006.
- Davidson MB, Schriger DL. Effect of age and race/ethnicity on HbA1c levels in people without known diabetes mellitus: implications for the diagnosis of diabetes. Diabetes Res Clin Pract 2010; 87: 415-21.
- Debroucker H. Histoire Naturelle du diabète non insulinodépendant. Le diabète au Quotidien 1995;1 :S13-S51.
- Decochez K, Truyen I, van der Auwera B. Belgian Diabetes Registry 2005.
- Diabète Atlas résumé, 2ème Edition. Fédération international de diabète (IDF) 2003.
- Faheem M, Qureshi S, Ali J, Hameed, Zahoor, Abbas F, Gul AM, Hafizullah M. Does BMI affect cholesterol, sugar, and blood pressure in general population?. J Ayub Med Coll Abbottabad 2010; 22: 74-7.
- Fischer P, Ghanassia E. Endocrinologie Nutrition. Vernazobres-Grego, Collection ENC 2006: p 496.
- Gabriel P, Nelly HM. Endocrinologie Diabétologie Nutrition, Med-Line, Estemed 2002; p190-246.
- Gary TK, Cockram CS. Causes et effets: le tabac et le diabète. Diabetes Voice 2005; 50: 19-23.
- Gérard L, Lecerf JM. Les dyslipidémie. Elsevier Masson (Paris) 2002; p136.
- Grimaldi A. Diabétologie. Questions d'internat. Université paris-VI Pierre et Marie Curie, Faculté de Médecine Pitre Salpêtrière 2000; p 7-43.
- Glasgow RE, Ruggiero L, Eakin EG, Dryfoos J, Chobanian L. Quality of life and associated characteristics in a large national sample of adults with diabetes. Diabetes Care 1997; 20: 562-7.
- Gning SB, Thiam M, Fall F. Le diabète sucre en Afrique subsaharienne. Aspects epidemiologiques, difficultes de prise en charge. Med Trop (Mars) 2007; 67: 607-11.
- Grimaldi S, Jacaqueminent A. Guide pratique du diabète. 4ème édition Masson (Paris) 2009 ; p 286.
- Guillaume M. L'âge Moyen de Découverte du diabète de type 2. Thèse de Doctorat en Médecine. Faculté de Médecine Xavier Bichat 2004; p 4-9.

- Guillausseau. Le diabète de type 2. Ellipses (Paris) 2003 ; p 410.
- Halimi S, Guy R, Altman JJ. Société Scientifique de Médecine générale S.S.M.G, traitement médicamenteux de diabète de type 2 2005. Disponible online [http:// agmed. Sante. Gouv.fr/pdf/5/rbp/5540.pdf]. Consulté le 25 mars 2014.
- Halimi S. Le diabète de type 2 ou diabète non insulinodépendant (DNID). Corpus Médical Faculté de médecine de Grenoble 2003; p1-2-7. Disponible online [www-sante.ujf-grenoble.fr/SANTE/] Consulté le 25 mai 2014.
- Halimi S. Médecine des maladies métaboliques (diabète, lipides, obésité, risque cardiovasculaire. Nutrition). Masson (Paris) 2008.
- Hannen G. Endocrinologie. De-Boeck University 2001; (1): p140-147.
- Harjustalo V, Reunanen A, Tuomilehto J. Differential transmission of type 1 diabetes from diabetic fathers and mothers to their off spring. Diabetes 2006; 55:1517-24.
- Herold Gerd. Médecine interne. De-Boeck université (Bruxelle) 2008 ; p 805.
- Hugh A, Boudriga N, Nabli M. Les soins primaires en Tunisie pour améliorer la gestion du diabète. Diabetes voice 2003; 48(3) : 21-23.
- IDF. Diabetes Atlas 4ème Edition 2009.
- Jouhar S, Kismoune H, Boudjemia F. Le pied diabétique, la revue medico-pharmaceutique 1998 ; (4) : 30-34.
- Kadiri OA, Roaedrb M. Epidemiological And Clinical Patterns Of Diabetes Mellitus In Benghazi, Libyan Arab Jamahiriya. EMHJ 1999; (1): 6-13.
- Lipsky BA, Berendt AR, Deery HG. Diagnosis and treatement diabetics 2004; 39: 885-910.
- Loukach N, Kerbab A. Vers un avenir meilleur au Maroc. Soin de santé Diabètes Voice 2006; 51(3) :16-17.
- Malimis. Le diabète de type 2 2003. Disponible online [www-sante.UJF.Fr]. Consulté 28 Mai 2014.
- Martin B. Diabétologie Clinique. Préface de Gérard Slama 3ème édition Bibliothèque Nationale (Paris) 2006.
- Massin P, Pâques M, Gaudric A. Rétinopathie diabétique. Encyclopédies Médico-Chirurgicales. Edition Scientifique et Médicales Elsevier SAS (Paris). Endocrinologie Nutrition 2001; 10-366-K-05 : p18.
- McCance DR, Hanson RL, Charles MA. Comparison of tests for glycated hemoglobin and fasting and two hour plasma glucose concentrations as diagnostic methods for diabetes. BMJ 1994; 308:1323e8.
- Monnier L, Slama G. Diabetes and nutrition study group of the European

association for the study of diabetes 1995 Nutritional recommendations for individuals with diabetes mellitus. Diab Nutr Metab 1995; 8: 1-4.

- OMS (organisation Mondiale de la Santé) Diabète sucré Série de rapports technique 727. Genève 1988. 12p. Disponible online [www. WHO-TRS-727-fre.pdf]. Consulté 12 février 2014.
- OMS (organisation Mondiale de la Santé). Diabetes 2005. Disponible online [http://www.who.int/entity/dietphysicalactivity/contact-diabetes/en/index/html]. 12 avril 2014.
- OMS (organisation Mondiale de la Santé). Diabètes 2008. Disponible online [www.who.int/mediacentre/factsheets/fs312/fr/index.htm]. Consulté le 12 avril 2014.
- OMS (organisation Mondiale de la Santé). La prévention du diabète sucré. Rapport d'un groupe d'étude 1994 ; p 844-77.
- OMS (Organisation Mondiale de la Santé: 2011). Disponible online [http://www.who.int/topics/diabetes_mellitus/fr/] Consulté 18 mai 2014.
- Passa P. Diabète de type 2 et prévention cardiovasculaire. Phase 5 2007: p 450.
- Perlemuter L, Collin De L'Hortet G, Selam JL. Diabète et maladies métaboliques, Masson (Paris) 2003 : p 408.
- Petrides P. Sozialmedizinishe Probleme. In : Handbuch der Inneren Medizin, 5 Aufl., Bd. VII/2B. Diabetes mellitus, hrsg, von Oberdisse K., Springer, Berlin, 1977.
- PHAC (Public Health Agency of Canada) 2003. Disponible online [http://www.phac-aspc-ca/ccdpc-cpcmc/diabètes-diabete/français/index.html]. Consulté le 20 mai 2014.
- Platon P, Ludwic W, Georg L, Otto HW. Diabète sucré, Bases Théoriques, Cliniques et Thérapeutiques. Médecine et Sciences Internationales (Paris) 1980 : p 180.
- Ponsonnaille J. Artérite oblitérant athéromateuses des membres inferieurs, (Clermont Ferrand) 2000; 21 :98-129.
- Pucarin-Cvetković J, Mustajbegović J, Doko Jelinić J, Senta A, Nola IA, Ivanković D. Body mass index and nutrition as determinants of health and disease in population of Croatian Adriatic islands. Croat Med J 2006; 47: 619-26.
- Rabasat-Lhoret R, Laville M. Physiopathologie des obésités et du diabète de type 2. Endocyclopédies Médico-Chirurgical (Edition Scientifique et Médicales Elservier SAS, Paris), Endocrinologie Nutrition 2003 : p 11.

- Raccah D, Costet C, Gerbi A, Vaghe P. Cahier de Nutrition et de Diététique Masson (Paris) 1997 ; (6) : 349-357.
- RDP (Réseau diabète Picardie) 2006. Disponible online [http://www.diabète-picardie.com]. Consulé le 25 mai 2014.
- Rossant L, Rossant-Lumbroso J. Diabète sucré. Encyclopédie médicale 2006. Disponible online [http://www.santé/Encyclopédie/sa-1289-diabetesucrechar.htm]. Consulé le 25 Mai 2014.
- Said G. Neuropathies diabétique. Encyclopédies Médico-Chirurgicales (Edition Scientifique et Médicales Elsevier SAS, Paris), Endocrinologie Nutrition 1999 ; 10-366-K-05 : p7.
- Sarwar N, Aspelund T, Eiriksdottir G. Markers of dysglycaemia and risk of coronary heart disease in people without diabetes: Reykjavik Prospective Study and systematic review. PLoS Medicine 2010; 7(5): e1000278. doi.org/10.1371/journal. pmed.1000278.
- Selvin E, Steffes MW, Zhu H. Glycated hemoglobin, diabetes, and cardiovascular risk in nondiabetic adults. N Engl J Med 2010; 362: 800-11.
- Slama-Chaudhy A, Mavromati M, Golay A. Diabète de type 2. Hôpitaux Universitaire Genève (HUG)-Service de médecine de premier recours-DMCPR 2013. [www.diabete-type-ii-arce-2013.pdf] Consulté 10 avril 2014.
- Smogyi A, Mathé C, Anciaux ML. Endocrinologie Diabétologie. Specific Retinopathy. Diabetes Care 2011; 34:145e50.
- Surwit R. Diabète et société «Diabète de type 2 et Stress». Diabetes Voice, 2002 ; 47 : p 38-40.
- Tanasescu M, Cho E, Manson JE, Hu FB. Dietary fat and the risk of cardiovascular disease among women with type 2 diabetes. Am J Clin Nutr 2004; 79: 999-1005.
- Teuscher A. Diabetes-Instruktion. Probleme, Programme, Programmierter Unterrricht. Huber, Bern, 1973.
- ECDCDM (The Expert Committee on the Diagnosis ad Classification of Diabetes Mellitus). Report of the expert committee on the diagnosis and classification of diabetes mellitus. Diabetes Care 1997; 20:1183e97.
- Todd coffey J, Brandle M, Zhou H, Marriott D, Burke R, Bahman P, Tabaei M, Engelgau M, Robert, Kaplan M, William H. Valuing Health-Related QOL in diabetes: Diabetes Care 2002; 25: 2238-2243.
- Tsugawa Y. Mukamal K, Davis R. Should the HbA1c diagnostic cutoff differ between blacks and whites? A cross-sectional study. Ann Intern Med 2012; 157: 153-9.
- Valensi P, Vivane V, Duteil R. Diabète Maladies Métaboliques et Nutrition.

Vernazobes Grego (Paris) 2005 : p 286.

- Young J. Endocrinologie Diabétologie et maladie métabolique. Paris : Masson 2ème édition ; 2011 : p242.
- Young J. Endocrinologie diabétologie et maladies métaboliques. Masson (Paris) 2007 : p 220.